惯导系统"三自"技术及应用

徐军辉　　刘洁瑜
姚志成　　肖正林　　编著
徐东辉

西北工业大学出版社

西　安

【内容简介】 本书全面系统地介绍了惯导系统"三自"技术(自标定、自对准、自检测)技术,可使惯导系统摆脱笨重的地面测试设备和地面操作;显著提升武器载体的机动性、快速性和灵活性;明显降低研制及发射费用,对于提高惯导系统的使用性能具有重要应用价值和意义。

本书可作为高等学校惯性导航相关学科的本科生、研究生的教材,也可作为相关专业厂、所、部队工程技术人员的技术参考书。

图书在版编目(CIP)数据

惯导系统"三自"技术及应用/徐军辉等编著. —
西安:西北工业大学出版社,2019.10
ISBN 978 - 7 - 5612 - 6693 - 9

Ⅰ.①惯… Ⅱ.①徐… Ⅲ.①惯性导航系统 Ⅳ.
①TN966

中国版本图书馆 CIP 数据核字(2019)第 239503 号

GUANDAO XITONG "SANZI" JISHU JI YINGYONG
惯导系统"三自"技术及应用

责任编辑:李阿盟 王 尧	策划编辑:杨 军	
责任校对:万灵芝	装帧设计:李 飞	

出版发行:西北工业大学出版社
通信地址:西安市友谊西路 127 号　　邮编:710072
电　　话:(029)88491757,88493844
网　　址:www.nwpup.com
印 刷 者:陕西向阳印务有限公司
开　　本:850 mm×1168 mm　　1/32
印　　张:6.75
字　　数:194 千字
版　　次:2019 年 10 月第 1 版　　2019 年 10 月第 1 次印刷
定　　价:58.00 元

前　言

　　惯导系统在进入工作程序之前有三项重要的准备工作要完成：功能检测、误差标定和初始对准。功能检测是为了确认惯导系统的功能是否正常，可否转入下一步工作状态；误差标定是为了获得惯导系统及其各惯性仪表的误差系数值，以便实际飞行中对它们进行补偿；初始对准是为了建立惯导系统的初始基准坐标系。这些工作以前采用人工手控或地面设备自控的方法来完成，需要配备一些复杂的地面设备和高素质的操作人员，而且要花费相当长的准备时间，且耗资巨大、使用性不佳。在民用领域，其高成本影响了惯导系统的推广应用。在军用领域，笨重的地面设备和复杂的操作限制了武器的机动性、快速性，制约了武器性能的提高。目前最新的惯导系统已发展到"三自"阶段，即自主初始对准（自对准）、自主误差标定（自标定）、自主功能检测（自检测）（简称惯导系统的"三自"技术）。"三自"技术使惯导系统摆脱了各种地面设备和设施，摆脱了人工操作，可以长期装弹，可实现热待机和随机无依托发射。这不仅大大提高了武器的机动性、快速性，显著降低了成本，而且还可实现检测和标定的实时性和准确性。因为"三自"技术允许在装弹（箭）状态和飞行前的短暂时间内进行功能检测和误差标定，所以其结果更真实、更准确。

　　全书共分6章，系统地介绍惯导系统"三自"技术的基本理论、基本原理和基本方法。第1章介绍惯导系统"三自"技术的基本概念、研究的意义、应用发展及常用坐标系。第2章讨论惯导系统的误差模型。第3章介绍传统惯导系统测试标定方法及其优缺点。第4章介绍惯导系统自对准技术。第5章介绍惯导系统自标定技术。第6章介绍惯导系统自检测技术。

　　全书由徐军辉统筹规划，设计总体框架和编写纲目，第1章由徐军辉撰写，第2、3、5章由刘洁瑜撰写，第4章由徐军辉、姚志成、肖正林撰写,第 6 章由徐军辉、徐东辉撰写。

本书的编著与出版得到军队"2110 工程"资助,火箭军工程大学教务处鲁大策参谋也给予了大力支持与帮助。火箭军工程大学钱培贤教授对本书提出了宝贵的修改意见,在此一并表示感谢!

由于笔者水平有限,书中不妥之处在所难免,敬请广大读者批评指正。

编著者
2019 年 6 月

目　　录

第1章 绪 论

1.1 惯性器件测试的意义

导弹上应用惯性器件的意义主要是通过测量导弹（火箭）的运动参数，来确定武器离开发射点后的瞬时位置和速度，供制导系统导引武器按预定轨道飞行。因此，惯性器件性能的好坏，直接决定武器的命中精度。衡量武器作战效果的指标是摧毁力。对于点目标而言，一般弹道导弹的杀伤力 K（杀伤概率）与命中精度 CEP（圆概率偏差）、弹头威力 Y（当量）及发射导弹数目 n 之间有如下关系：

$$K \propto \frac{nY^{2/3}}{\text{CEP}^2} \tag{1.1}$$

显然，若命中精度不变，发射同样数目的导弹，弹头当量增加 10 倍，杀伤概率可增加 4.64 倍；而当弹头当量不变时，发射同样数目的导弹，命中精度提高 10 倍，导弹杀伤力可提高 100 倍。

命中精度的提高对武器杀伤力的提高，远比弹头当量的提高有效得多。为了提高武器的作战效能，必然对惯性器件提出越来越高的精度要求。因此，加强惯性器件的测试技术、建立模型方程、准确评价其性能精度、通过误差补偿措施来进一步提高使用时的实际精度已成为研制、生产、使用惯性器件中必不可少的环节。更重要的是，导弹是无人操纵、综合性很强的武器，弹上器件的工作可靠性显得尤为突出，因此更有必要进行充分试验，尽量淘汰不合格产品，以防止导弹离开地面后出现故障。

对惯性器件进行测试，根据不同情况有以下 4 种不同目的：

（1）评价惯性器件的性能、精度，考核其是否满足设计规定的要求。

(2)从分析、研究的角度出发,通过惯性器件在测试中暴露出来的问题,探索进一步改进仪表性能的途径。

(3)建立惯性器件模型方程,利用计算机,按使用条件计算出仪表的规律性误差,并给予补偿,以提高仪表的实际使用精度。

(4)确定仪表误差的随机散布规律,作为制定武器作战使用规范的依据。

单靠不断改进仪表设计来提高惯性器件精度的这种方法,在实际中遇到了越来越多的困难。这不仅使仪表结构变得更加复杂,而且也给生产、装配、调试带来诸多的不便。因此,利用软件通过补偿来提高实际使用精度的途径变得更加具有重要意义,这就使惯性器件的测试技术越来越被重视,甚至不惜花费高额投资来建设高精度的测试设备。这种趋势,使设计人员的指导思想由原来片面追求降低仪表的绝对误差,转为重点保证仪表性能的稳定,尽可能减少仪表的随机误差。现代战争对导弹武器的机动性、灵活性和生存能力提出了更高的要求,传统的惯性器件测试模式严重依赖固定测试场地和专用测试设备,已经很难满足现代战争需求。随着惯性器件综合性能的提升,惯导系统的"三自"技术应运而生。

1.2 惯导系统"三自"技术的意义

惯导系统在进入工作程序之前有三项重要的准备工作要完成:初始对准、误差标定和功能检测。初始对准是为了建立惯导系统的初始基准坐标系;误差标定是为了获得惯导系统及其各惯性仪表的误差系数值,以便实际飞行中对它们进行补偿;功能检测是为了确认惯导系统的功能是否正常,可否转入下一步工作状态。传统惯性器件测试通常采用人工手控或地面设备自控的方法来完成,需要配备一些复杂的地面设备和高素质的操作人员,而且要花费相当长的准备时间,且耗资巨大、使用性不佳。在民用领域,其高成本影响了惯导系统的推广应用。在军用领域,笨重的地面设备和复杂的操作限制了武器的机动性、快速性,制约了武器性能的提高。目前最新的惯导系统已发展到"三自"阶段,即自主初始对准(自对准)、自主误差标定(自标定)和自主功能检测(自检测)。自主初始对准要求惯导系统只依靠重力矢量和地球速度矢量,通过解析方法实现其初始对准,此时不需要其它外部信息,自主性强。自主误差标定要求惯导系统在不依赖外部测试设备的条件下,完全利用自身结构及弹体系统特性来标定其误差系统的一种自主式标定方法。自主功能检测要求在惯导系统工作过程中具备实时自主检测功能,能够对惯导系统健康状况进行评估,对其故障状态进行监测、检测。"三自"技术使惯导系统摆脱了各种地面设备和设施,摆脱了人工操作,可以长期装弹,实现热待机和随机无依托发射。启动后,一切发射准备工作由惯导系统自身的硬件、软件自主完成,并可通过计算机不断监测其工作状态,随时发现故障并及时处理。这不仅大大提高了武器的机动性、快速性,显著降低了成本,而且还可实现检测和标定的实时性和准确性。因为"三自"技术允许在装弹(箭)状态和飞行前的短暂时间内进行功能检测和误差标定,其结果更真实、更准确。

1.3　惯导系统"三自"技术概述

1.3.1　"三自"技术的产生和发展

自 20 世纪 70 年代以后,美国和苏联在军备竞赛的背景下,在洲际导弹制导平台上研究、发展了自动化测试、自动化误差标定和自动化初始对准技术。由于当时技术条件的限制,这些技术虽然是自动化的,但却不是自主的。它们需要一整套复杂的地面/井下设备和设施来支撑。设备的复杂性伴随着不可靠性和高耗费,特别是其不可移动性,无法达到现代武器追求的机动能力和生存能力。因此进入80 年代以后,两国均加速了武器机动化和制导平台功能自主化的研究,出现了具有"三自"功能的平台。从自动到自主的发展演变,可以从美国民兵Ⅱ、民兵Ⅲ和 MX 导弹制导平台的变化表现出来。

1. 民兵Ⅱ、民兵Ⅲ制导平台的自动化测试、标定及对准

采用一次连续通电状态下的地面(井下)自动控制功能检测、误差标定和光学与辅助陀螺罗盘两种方式冗余初始对准方案。

自动功能检测每 6.2 s 巡回检测一次,主要包括陀螺仪、加速度计、平台稳定回路及辅助陀螺罗盘的状态良好性检测。

自动误差标定采用四位置程序和六位置程序两种程序。四位置程序每 30 天进行一次,标定 12 项系数;六位置程序每 7 天进行一次,标定 18 项系数,加上系数的变化趋势项共标定近 30 项系数。

初始对准的标准方式是在外部基准支持下的光学准直仪对准。在外部基准遭到破坏后,可用平台上辅助陀螺罗盘进行自主对准,但由于其陀螺精度有限,对准精度稍低于光学对准方式。

民兵Ⅱ、民兵Ⅲ的特点是在一次连续通电条件下自动完成平台的检测、标定与对准的全过程。这对地下井发射状态是一种比较理想的方式,其标定精度高,检测实时,对准有冗余措施,在地下井遭到攻击后仍能将导弹发射出去,是一个重要的优点。但这一方案有以下的局限性和缺点:

(1)依赖复杂的地下井设备,不能在机动弹上使用。

(2)标定系数较少,误差补偿的潜力没能充分发挥出来。

(3)自动对准要在平台台体上加装辅助罗盘,显著增加了平台的体积、质量和复杂性。

2. MX 导弹制导平台的自主功能检测、误差标定及初始对准

采用一次连续通电下一体化自主功能检测、误差标定和初始对准方案。MX 导弹要求能在铁路上和隧道里移动发射,因此需要摆脱地面或地下井的设备支持,实现三项准备工作自主化。

自主功能检测采用软硬兼施以硬件为主的办法,在平台上设置了 200 余个测量点,通过计算机不断监视其工作状态,可随时发现故障并及时处理。

　　自主误差标定和初始对准采用一体化程序来实现,实时误差分离过程需要 12～18 h,共分离误差 47 项,加上在前期测试中测得的误差,共可分离误差 84 项。在标定与对准完成后,卡尔曼滤波器每 6 min 对数据更新一次,跟踪误差系数变化,保持随时可发射状态。

　　这种自标定及自对准一体化方案,是一种比较精确和完善的方案。它可以利用平台上仪表的短期稳定性,使导弹命中精度达到 12 000 km 射程下 100 m 左右的精度。但它的标定及对准过程占用时间较长,一次自标定及自对准完成之后,需要保持不断电状态直至发射,因此主要适用于能长时间运转的"三浮"仪表平台等。

　　与美国几乎同时发展的苏联各类武器系统,特别是各类陆基机动发射导弹,也均配备了具有自主或半自主功能的惯导平台。其中,自标定误差系数最多可达 70 余项。

　　我国自 20 世纪 70 年代以来,一些惯性技术研究单位就开始了"三自"技术的研究,并取得了不同的进展,目前已开始应用,但是从技术上看,与国外先进水平有一定的差距。

1.3.2　"三自"技术的难点与解决措施

　　"三自"技术虽然具有重要应用价值,但在实现上也存在较大的难度,其关键难点及通用的解决措施如下。

　　1. 平台要具有数控功能

　　由于"三自"技术要求平台自身进行多种控制、计算及逻辑判断,不具备数控功能的平台是无法实现"三自"技术的。平台电路的数字化不仅仅为"三自"技术的实现提供基础,也更好地提高了电路的可靠性、减小了平台体积。因为有了数控系统,其在功能上和性能上的优越性也就会不断发挥出来。除了"三自",还有地面导航、误差补偿、故障隔离等多种智能功能可以由平台自身实现。

　　2. 精度与速度的矛盾

　　在自标定和自对准技术中,为了提高精度,需要尽可能地完善平台及其仪表的误差模型。但完善的模型误差项目多,必然要增加标定与对准的测量位置数目,从而加长标定对准的时间。"三自"技术的重要目标之一就是缩短反应时间,因此用于标定及对准的时间是有严格限制的。在这种限制下,用于标定及对准的误差模型就不可能太复杂、太完善,这也就等于限制了它们的精度。美国 MX 导弹制导平台为了提高精度,采用了相当完善的误差模型,但它需要花费十几个小时的时间才能完成标定,对于不能保持长期通电状态、需要在使用前不久才开机的平台,这个准备时间就显得太长而令人无法接受。因此,只能对模型进行适当简化,以缩短标定和对准时间。如何选择既简单又适用的模型,恰当合理的测量位置或轨道是十分重要的,它是误差辨识和试验计划设计的主要研究内容。与一般理论研究和设计不同的是,这些设计方案必须满足具体平台的各种限制条件,也就是必须针对某个具体平台进行专门设计。

此外还有一个影响标定与对准速度的重要因素要考虑,就是平台上惯性仪表从一个姿态变为另一个姿态需要一定的稳定时间。对于气浮、液浮、静压液浮等浮子式仪表,不同的姿态下其浮子在轴承中的位置会发生变化,这个变化要占用一定时间。在它达到新的稳定状态前,测量读数会不稳定。对于有磁悬浮定中心的"三浮"仪表,这个时间要短一些。如果采用连续翻滚方式进行标定及对准,则必须使仪表的翻滚速度足够慢,使其在每一个测量点的状态都能认为是稳定的。

国内外实践经验证明,采用多位置法进行标定与对准,每个位置的稳定时间加测量时间需要数分钟以上,采用连续翻滚进行标定与对准,其转速绕垂直轴约需要 $60°/h$ 以下,绕水平轴约需要 $30°/h$ 以下。

3. 检测全面性与实时性的矛盾

对于自检测,既要求全面,又要求实时。全面检测在平台单元测试中很容易做到,但在平台装入载体后,由于硬件电路不宜做得太复杂,就比较难做到很全面了。而恰恰这时的状态才是最关键、最需要知道的,因此这成为自检测技术的一项重要环节。解决这一问题可以有两种方法：

（1）以硬件为主，在系统设计中设置一系列测量点和相应电路，像 MX 导弹制导平台那样，通过硬件电路直接、全面地测量系统状态。

（2）以软件为主，通过有限的测量值，按照其内在联系和规律，构成信息组合表征函数，并以它们作为系统状态完好的判据。

两种方法各有其优点与缺点，在具体的系统中应当寻求两种方法合理的配合。

4. 可观测性限制

由于一般三轴平台其内环轴转角范围受到限制，不能 360°旋转，因此有的误差系数可能得不到激励而无法观测。对于不可观测的系数，需要用先验数据或间接数据来填补，这样将影响标定精度。如果它们是重要的并且是易变的，必须在发射前进行现场标定，则需要考虑改动平台或仪表的取向，以改进这些系数的可观测性。在四轴平台和浮球平台上则不存在这种限制。

另外，由于平台的姿态定位精度较低，因此其标定的精度也会受到影响，有时需要把定位误差作为状态分量引入，但这样会增加过程的复杂性和时间。为了解决这一问题，需要采取措施来提高平台姿态定位精度。

在自对准过程中，同样存在可观测性问题。如果平台方位轴转角有限，不能 360°无限制旋转，则对于辨识与方位对准有关的误差就会有困难，因而方位自对准精度就会受到影响。为了实现方位自对准，特别是 360°全方位自对准，平台方位轴一定要有 360°的自由度。

1.3.3 "三自"技术的发展趋势

"三自"技术是惯性平台向自主化、智能化迈出的第一步，在计算机及微电子技术发展浪潮的推动下，惯性平台系统的发展大方向必然是数字化、自主化、智能化。其主要发展方向及趋势如下。

（1）自检测的进一步发展将是自主在线故障隔离与自适应数据修补。即在出现故障后，利用系统的冗余通道或冗余信息判断出故障部位并将其信息屏蔽，利用正常通道及信息进行制导与导航。若不具备冗余通道或信息，则采用预置规律对信息进行修补，以保持系统正常运行。

（2）自标定的进一步发展将是自主在线误差跟踪与自适应误差补偿。即在制导、导航系统工作的同时，平台数控系统对平台及其仪表的各项误差通过递推滤波进行同步跟踪估计，并将其在系统中进行在线实时补偿。

（3）自对准的进一步发展将是动基座自主连续定位定向。即在具有线运动和角运动的活动载体内，进行平台自主连续导航定位及坐标对准。不需要专门的静止对准环境和占用专门的对准时间。

"三自"技术基本是针对平台系统而言的，因为在常规的捷联惯导系统中一般不具备实现"三自"的结构条件，但如果在捷联惯导系统中增加具有机械转动功能的机构，则相当于具有了平台框架，有了实现"三自"的结构条件，也就可以实现"三自"了。因此，"三自"技术虽然产生并发展于平台，但由于其巨大的应用价值和效益，必然将发展成为平台、捷联共用的一项关键技术，其发展前景将是整个惯性系统的测控数字化、功能自主化和系统智能化。

1.4 惯导系统"三自"技术中常用坐标系

为了实现惯性仪器的测试、标定以及惯导系统的"三自"技术，需要建立不同的坐标系，本节讨论惯性仪器及系统测试标定中常用坐标系。

1.4.1 平台坐标系（$OX_PY_PZ_P$）

在平台式惯导系统测试中最常用的是平台坐标系。这里定义 OX_P 轴与平台外环轴向一致，OY_P 轴与平台内环轴向一致，OZ_P 轴与平台台体轴向一致，它与 OX_p 轴和 OY_p 轴构成右手直角坐标系 $OX_pY_pZ_p$。坐标原点 O 为三个轴的交点。如图 1.1 所示。

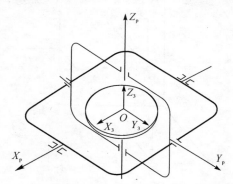

图 1.1　平台坐标系及平台台体坐标系

1.4.2　平台台体坐标系 ($OX_3Y_3Z_3$)

坐标原点 O 为平台三根稳定轴的交点。OX_3 轴沿台体上 X 向加速度计的敏感轴向，OY_3 轴沿台体上 Y 向加速度计的敏感轴向，OZ_3 轴沿台体上 Z 向加速度计的敏感轴向，它与 OX_3 轴和 OY_3 轴构成右手直角坐标系 $OX_3Y_3Z_3$，如图 1.1 所示。平台台体坐标系反映了加速度计的实际测量方向。

1.4.3　惯组坐标系 ($OX_SY_SZ_S$)

对捷联惯导系统，为了确定惯性测量组合（简称"惯组"）各器件相对于弹体坐标系各轴的相对位置关系，建立了惯组坐标系 $OX_SY_SZ_S$（见图 1.2，图中，I 为输入轴；P 为摆性轴；O 为输出轴；A 为加速度计代号；G 为陀螺仪的代号）。OY_S 轴、OZ_S 轴分别以安装在惯性测量组合支架上的二自由度陀螺仪 GY 和 GZ 的动量矩 H 方向确定，OX_S 轴则与之构成右手直角坐标系。为了保持各轴的正向与弹体坐标系的对应轴平行且同向，OY_S 轴的正向取为与 GY 陀螺仪

动量矩 H 的相反的方向。

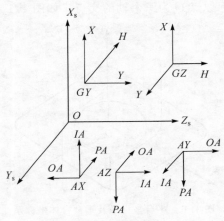

图 1.2　惯组坐标系

1.4.4　弹体坐标系($OX_1Y_1Z_1$)[①]

　　为描述弹体姿态运动,需要建立弹体坐标系。弹体坐标系在自对准中也经常用到。OX_1 轴与弹体纵轴重合,指向弹头方向为正。OY_1 轴垂直 OX_1 轴,且在 Ⅰ、Ⅲ 象限面内,指向 Ⅲ。OZ_1 轴与 OX_1 轴和 OY_1 轴垂直,正向以"右手法则"确定。它的坐标原点为弹体质心。如图 1.3 所示。

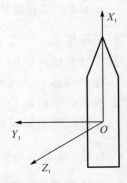

图 1.3　弹体坐标系

---

　　① 为后续内容分析的方便,这里单独定义了弹体坐标系,用下标"1"表示。这里的弹体坐标系与 1.4.10 节中的运载体坐标系($OX_bY_bZ_b$)是统一的,后者更具一般性,扩展到了飞机舰船等运载体。因此在后续内容讨论中,下标"1"和"b"都可以代表弹体坐标系,一般常用"b"表示弹体坐标系。

1.4.5　惯性坐标系($OX_IY_IZ_I$)

当研究物体运动时，一般都是应用牛顿力学定律以及由它导出的各种定理。在牛顿第二定律 $F = ma$ 中，m 是物体的质量，F 是作用在物体上的外力，a 是物体的加速度。应该特别注意，这里 a 是绝对加速度，因此在应用牛顿第二定律研究物体运动时，计算加速度 a 所选取的参考坐标系绝不能是任意的，它必须是某种特定的参考坐标系。

经典力学认为，要选取一个绝对静止或做匀速直线运动的参考坐标系来考察加速度 a，牛顿第二定律才能成立。当研究惯性敏感器和惯性系统的力学问题时，通常将相对恒星所确定的参考系称为惯性空间，空间中静止或匀速直线运动的参考坐标系称为惯性参考坐标系。

对于研究星际间运载体的导航定位问题，惯性参考坐标系的原点通常取在日心，如图 1.4 所示。根据天文学的测量结果，太阳绕银河系中心的旋转周期为 190×10^6 年，旋转角速度约为 $0.001''$/年，太阳对银河系的向心加速度约为 $2.4 \times 10^{-11}g$（g 为重力加速度），因此，惯性参考坐标系的原点取在日心并不会影响所研究问题的精确性。

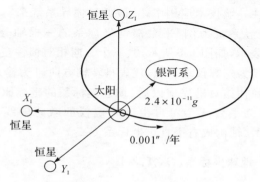

图 1.4　日心惯性坐标系

对于研究地球表面附近运载体的导航定位问题,惯性参考坐标系的原点通常取在地心,X_1 轴沿赤道平面与黄道平面交线方向,Z_1 轴沿极轴方向,Y_1 轴在赤道平面内,按"右手法则"确定。地心惯性坐标系不参与地球自转。如图 1.5 所示。地球绕太阳公转使该坐标系的原点具有向心加速度,约为 6.05×10^{-4} g,惯性参考坐标系的原点取在地心也不会影响所研究问题的精确性。

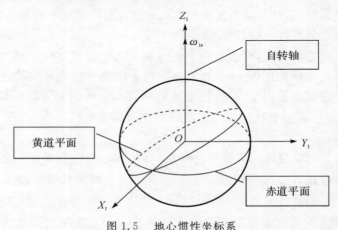

图 1.5　地心惯性坐标系

惯性坐标系一般用作弹道导弹和运载火箭等飞行裁体的导航坐标系。在惯性导航技术应用中,一般通过惯导系统来实现惯性坐标系,以平台惯导系统为例,平台惯性坐标系的三根轴分别用 OX_2、OY_2 和 OZ_2 表示,如图 1.6 所示,其三个方向相对惯性空间始终保持不变,图中,H 为陀螺仪动量矩,代表自转轴方向;I 为输入轴;O 为输出轴。在导弹初始对准完成以后,惯性坐标系的坐标原点为平台三轴交点,轴线为平台三个单自由度陀螺仪的敏感轴线。OZ_2 轴与 OX_2 轴和 OY_2 轴构成右手直角坐标系 $OX_2Y_2Z_2$。

1.4.6　地球坐标系($OX_eY_eZ_e$)

地球坐标系 $OX_eY_eZ_e$,如图1.7所示。其原点取在地心;Z_e 轴沿极轴（地轴）方向；X_e 轴在赤道平面与本初子午面的交线上，Y_e 也在赤道平面内并与 X_e、Z_e 轴构成右手直角坐标系。

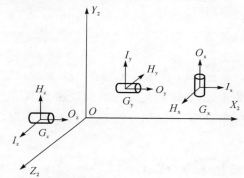

图 1.6　平台惯性坐标系

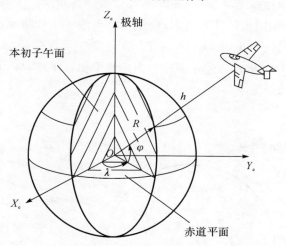

图 1.7　地球坐标系

地球坐标系与地球固连，随地球一起转动。地球绕极轴做自转运动，并且沿椭圆轨道绕太阳做公转运动。在一年中，地球相对于太阳自转了 365 又 1/4 周并且还公转了一周，所以在一年中地球相对于恒星自转了 365 又 1/4 周。换句话说，地球相对于恒星自转一周所需的时间,略短于地球相对于太阳自转一周所需的时间。地球相对于太阳自转一周所需的时间(太阳日)是 24 h。地球相对于恒星自转一周所需的时间(恒星日)约为 23 h56 min4.09 s。在一个恒星日内地球绕极轴转动了 360°,所以地球坐标系相对惯性参考系的转动角速度的数值为

$$\omega_{ie} = 15.041\ 1°/h = 7.292\ 1 \times 10^{-5}\ rad/s$$

在导航定位中,运载体相对地球的位置通常不用它在地球坐标系中的直角坐标来表示,而是用经度 λ、纬度 φ 和高度(或深度)h 来表示(见图 1.7)。

1.4.7 地理坐标系($OX_tY_tZ_t$)

地理坐标系 $OX_tY_tZ_t$,如图 1.8 所示。其原点位于运载体所在的点;OX_t 轴沿当地纬线指东;OY_t 轴沿当地子午线指北;OZ_t 轴沿当地地理垂线指上并与 OX_t、OY_t 轴构成右手直角坐标系。其中 OX_t 轴与 OY_t 轴构成的平面即为当地水平面;OY_t 轴与 OZ_t 轴构成的平面即为当地子午面。

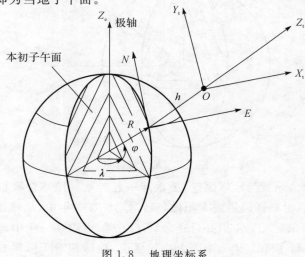

图 1.8 地理坐标系

　　地理坐标系的各轴可以有不同的选取方法。上述地理坐标系的三个轴是按"东、北、天"为顺序构成右手直角坐标系。除此之外，还常有按"北、东、地"或"北、西、天"为顺序构成右手直角坐标系。

　　当运载体在地球上航行时，运载体相对地球的位置不断发生改变；而地球上不同地点的地理坐标系，其相对地球坐标系的角位置是不相同的。也就是说，运载体相对地球运动将引起地理坐标系相对地球坐标系转动。这时地理坐标系相对惯性参考系的转动角速度应包括两个部分：一是地理坐标系相对地球坐标系的转动角速度，二是地球坐标系相对惯性参考系的转动角速度。

　　以运载体水平航行的情况进行讨论。如图 1.9 所示，设运载体所在地的纬度为 φ，航行高度为 h，速度为 v，航向角为 ψ。把航行速度 v 分解为沿地理北向和东向的两个分量，有

$$\left.\begin{array}{l} v_{\mathrm{N}} = v\cos\psi \\ v_{\mathrm{E}} = v\sin\psi \end{array}\right\} \tag{1.2}$$

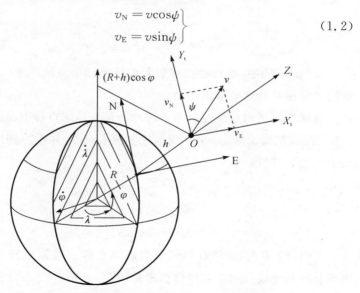

图 1.9　运载体运动引起地理坐标系转动

航行速度北向分量 v_N 引起地理坐标系绕着平行于地理东西方向的地心轴相对地球坐标系转动,其转动角速度为

$$\dot{\varphi} = \frac{v_N}{R+h} = \frac{v\cos\psi}{R+h} \qquad (1.3)$$

航行速度东向分量 v_E 引起地理坐标系绕着极轴相对地球坐标系转动,其转动角速度为

$$\dot{\lambda} = \frac{v_E}{(R+h)\cos\varphi} = \frac{v\sin\psi}{(R+h)\cos\varphi} \qquad (1.4)$$

把角速度 $\dot{\varphi}$ 和 $\dot{\lambda}$ 平移到地理坐标系的原点,并投影到地理坐标系的各轴上,可得

$$\left. \begin{aligned} \omega_{etx}^t &= -\dot{\varphi} = -\frac{v\cos\psi}{R+h} \\ \omega_{ety}^t &= \dot{\lambda}\cos\varphi = \frac{v\sin\psi}{R+h} \\ \omega_{etz}^t &= \dot{\lambda}\sin\varphi = \frac{v\sin\psi}{R+h}\tan\varphi \end{aligned} \right\} \qquad (1.5)$$

式(1.5)表明,航行速度将引起地理坐标系绕地理东向、北向和垂线方向相对地球坐标系转动。

地球坐标系相对惯性参考系的转动是由地球自转引起的。如图 1.10 所示,把角速度 ω_{ie} 平移到地理坐标系原点,并投影到地理坐标系的各轴上,可得

$$\left. \begin{aligned} \omega_{iex}^t &= 0 \\ \omega_{iey}^t &= \omega_{ie}\cos\varphi \\ \omega_{iez}^t &= \omega_{ie}\sin\varphi \end{aligned} \right\} \qquad (1.6)$$

式(1.6)表明,地球自转将引起地球坐标系连同地理坐标系绕地理北向和垂线方向相对惯性参考系转动。

综合考虑地球自转和航行速度的影响,地理坐标系相对惯性参考系的转动角速度在地理坐标系各轴上的投影表达式为

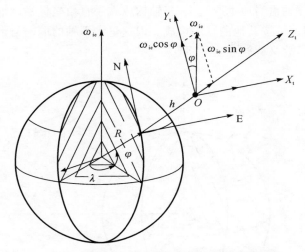

图 1.10 地球自转角速度在地理坐标系上的投影

$$\omega_{itx}^{t} = -\frac{v\cos\psi}{R+h}$$

$$\omega_{ity}^{t} = \omega_{ie}\cos\varphi + \frac{v\sin\psi}{R+h}$$ (1.7)

$$\omega_{itz}^{t} = \omega_{ie}\sin\varphi + \frac{v\sin\psi}{R+h}\tan\varphi$$

在陀螺仪和惯性系统的分析中,地理坐标系是一个重要的坐标系。例如,陀螺罗经用来重现子午面,其运动和误差就是相对地理坐标系而言的。又如,在指北方位的平台式惯性系统中,采用地理坐标系作为导航坐标系,平台的运动和误差也是相对地理坐标系而言的。一般而言,地理坐标系可作为车辆、飞机、巡航导弹、舰船等在水平面运行载体的导航坐标系。

1.4.8 地平坐标系($OX_nY_nZ_n$)

地平坐标系 $OX_nY_nZ_n$ 如图 1.11 所示,其原点与运载体所在的点重合,OX_n 和 OY_n 轴在当地水平面内,且 OY_n 轴沿运载体的航行方向，OZ_n 轴沿当地垂线指上，三轴构成右手直角坐标系。地平坐标系的各轴也可按其他的顺序构成。因这里水平轴的取向与运载体的航迹有关，故又称航迹坐标系。

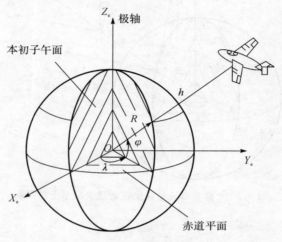

图 1.11　地平坐标系

当运载体在地球上航行时，将引起地平坐标系相对地球坐标系转动。这时地平坐标系相对惯性参考系的转动角速度应包括两个部分：一是地平坐标系相对地球坐标系的转动角速度，二是地球坐标系相对惯性参考系的转动角速度。

以运载体水平航行的情况进行讨论。如图 1.12 所示，设运载体所在地的纬度为 φ，航行高度为 h，速度为 v，航向角为 ψ。由于航行速度沿着 OY_n 轴方向，所以它将引起地平坐标系绕着平行于 OX_n 的地心轴相对地球坐标系转动，转动角速度为 $v/(R+h)$。把该角速度平移到地平坐标系的原点，其方向始终沿着 OX_n 轴的负向。如果运载体做转弯或盘旋航行，还将引起地平坐标系绕着 OZ_n 轴相对地球坐标系转动。设转弯半径为 ρ，则所对应的转弯角速度为 v/ρ，且左转弯时沿 OZ_n 轴的正向，右转弯时沿 OZ_n 轴的负向。由此得到的航

行速度和转弯所引起的地平坐标系相对地球坐标系的转动角速度为

$$
\left.
\begin{aligned}
\omega_{\mathrm{en}x}^{\mathrm{n}} &= -\frac{v}{R+h} \\
\omega_{\mathrm{en}y}^{\mathrm{n}} &= 0 \\
\omega_{\mathrm{en}z}^{\mathrm{n}} &= \pm\frac{v}{\rho}
\end{aligned}
\right\}
\tag{1.8}
$$

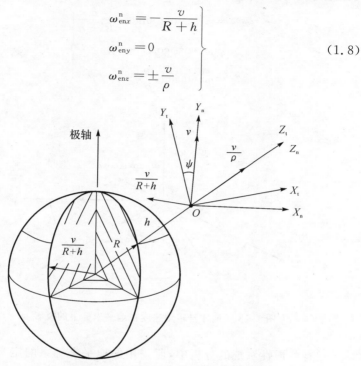

图 1.12　运载体运动引起地平坐标系转动

　　地球自转角速度的北向分量和垂直分量已如式(1.6)所表达。把这两个角速度分量投影到地平坐标系的各轴上,如图 1.13 所示。由于地平坐标系与地理坐标系之间只是相差一个航向角 ψ,故此得到地球自转所引起的地平坐标系相对于惯性参考系的转动角速度为

$$
\left.
\begin{aligned}
\omega_{\mathrm{ie}x}^{\mathrm{n}} &= -\omega_{\mathrm{ie}}\cos\varphi\sin\psi \\
\omega_{\mathrm{ie}y}^{\mathrm{n}} &= \omega_{\mathrm{ie}}\cos\varphi\cos\psi \\
\omega_{\mathrm{ie}z}^{\mathrm{n}} &= \omega_{\mathrm{ie}}\sin\varphi
\end{aligned}
\right\}
\tag{1.9}
$$

综合考虑地球自转和航行速度及转弯的影响,地平坐标系相对

于惯性参考系的转动角速度在地平坐标系各轴上的投影表达式为

$$
\left.
\begin{aligned}
\omega_{iex}^{n} &= -\omega_{ie}\cos\varphi\sin\psi - \frac{v}{R+h} \\
\omega_{iey}^{n} &= \omega_{ie}\cos\varphi\cos\psi \\
\omega_{iez}^{n} &= \omega_{ie}\sin\varphi \pm \frac{v}{\rho}
\end{aligned}
\right\}
\tag{1.10}
$$

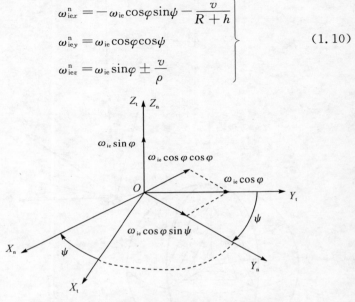

图 1.13　地球自转角速度在地平坐标上的投影

在有些惯性系统的分析中,所采用的地平坐标系的定义与上述略有不同。其 X_n 和 Y_n 轴仍在当地水平面内,但与运载体的航迹无关。例如,在自由方位的平台式惯性系统中,就采用这样的地平坐标系来进行分析。弹道式导弹的发射坐标系一般采用地平坐标系,并以此为基础建立其导航坐标系。

1.4.9　发射坐标系($OX_LY_LZ_L$)

OX_L 轴为过原点指向目标的地球表面切线,指向目标为正。OY_L 轴与过原点的地垂线方向一致,向上为正。OZ_L 轴依据"右手法则"确定。它的坐标原点为导弹发射点。如图 1.14 所示。发射坐标系用来确定发射点的坐标与导弹的初始方位。

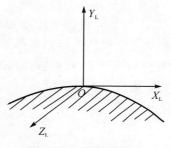

图 1.14　发射坐标系

1.4.10　运载体坐标系($OX_bY_bZ_b$)

针对弹道导弹,1.4.4 节中专门讨论了弹体坐标系的建立。由于本书讨论的大部分内容具有推广性,也适用于飞机、舰船、地面车辆、巡航导弹等运载体,所以本小节将弹体坐标系扩充到更一般的运载体坐标系,并讨论地理坐标系和发射坐标系的坐标变换,为自对准技术的分析提供基础。

运载体坐标系(机体坐标系、船体坐标系和弹体坐标系等的统称)$OX_bY_bZ_b$如图 1.15 所示,其原点与运载体的质心重合。对于飞机和舰船等巡航式运载体,OX_b轴沿运载体横轴指右,OY_b轴沿运载体纵轴指前,OZ_b轴沿运载体竖轴并与 OX_b、OY_b 轴构成右手直角坐标系。当然,这不是唯一的取法。例如,有的取 OX_b 轴沿运载体纵轴指前;OY_b 轴沿运载体横轴指右;OZ_b 轴沿运载体竖轴并与 OX_b、OY_b 轴构成右手直角坐标系。对于弹道导弹等弹道式运载体,各坐标轴的取向如图中所示,参阅 1.4.4 节。当然,这也不是唯一的取法。

运载体的俯仰(纵摇)角、横滚(横摇)角和航向(偏航)角统称为姿态角。运载体的姿态角就是根据运载体坐标系相对地理坐标系或地平坐标系的转角来确定的。

首先,说明飞机和舰船等巡航式运载体姿态角的定义。这一类运载体的姿态角是相对地理坐标系而确定的。现以如图 1.16 所示的飞机姿态角为例。假设初始时机体坐标系 $OX_bY_bZ_b$ 与地理坐标系 $OX_tY_tZ_t$ 对应各轴重合。机体坐标系按图中所示的三个角速度 $\dot{\psi}$、$\dot{\theta}$ 和 $\dot{\gamma}$ 依次相对地理坐标系转动,这样所得到的三个角度 ψ、θ 和 γ 就分别是飞机的航向角、俯仰角和横滚角。

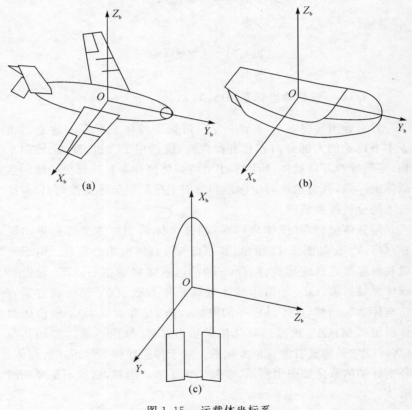

图 1.15　运载体坐标系

按照上述规则转动出来的三个角度,可以说是欧拉角选取的一个实例。在惯性系统的分析中,需要用到地理坐标系(t 系)对机体

坐标系(b 系)的坐标变换矩阵。该坐标变换矩阵表示为

$$
\mathbf{C}_t^b = \begin{bmatrix} \cos\gamma & 0 & -\sin\gamma \\ 0 & 1 & 0 \\ \sin\gamma & 0 & \cos\gamma \end{bmatrix} \begin{bmatrix} 1 & 0 & 0 \\ 0 & \cos\theta & \sin\theta \\ 0 & -\sin\theta & \cos\theta \end{bmatrix} \begin{bmatrix} \cos\psi & -\sin\psi & 0 \\ \sin\psi & \cos\psi & 0 \\ 0 & 0 & 1 \end{bmatrix} =
$$

$$
\begin{bmatrix} \cos\gamma\cos\psi + \sin\gamma\sin\theta\sin\psi & -\cos\gamma\sin\psi + \sin\gamma\sin\theta\cos\psi & -\sin\gamma\cos\theta \\ \cos\theta\sin\psi & \cos\theta\cos\psi & \sin\theta \\ \sin\gamma\cos\psi - \cos\gamma\sin\theta\sin\psi & -\sin\gamma\sin\psi - \cos\gamma\sin\theta\cos\psi & \cos\gamma\cos\theta \end{bmatrix}
$$

$$(1.11)$$

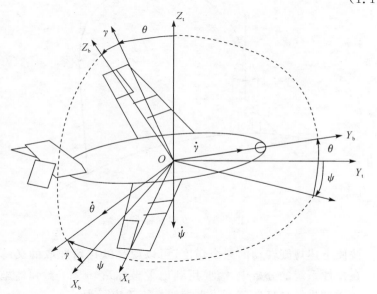

图 1.16 飞机的姿态角

其次,说明弹道导弹等弹道式运载体姿态角的定义。弹道导弹的姿态角是相对地平坐标系而确定的。这里选取的地平坐标系如图 1.17 所示,其原点取在导弹的发射点,Y_n 轴在当地水平面内并指向发射目标,Z_n 轴沿当地垂线指上,Y_n 轴与 Z_n 轴构成发射平面(弹道平面),X_n 轴垂直于发射平面并与 Y_n、Z_n 轴构成右手直角坐标系。该地平坐标系又称发射点坐标系。理想情况下弹体坐标系与发射坐

标系的关系如图 1.18 所示。导弹的姿态角如图 1.19 所示。假设初始时弹体坐标系 $OX_bY_bZ_b$ 与地平坐标系 $OX_nY_nZ_n$ 对应各轴重合（其中 Y_b 轴与 Y_n 轴的负向重合）。弹道导弹通常为垂直发射，故初始时俯仰角为90°。弹体坐标系按图中所示的三个角速度 $\dot\theta$、$\dot\psi$ 和 $\dot\gamma$ 依次相对地平坐标系转动，这样所得到的三个角度（90°$-\theta$）、ψ 和 γ 就分别是导弹的俯仰角、偏航角和横滚角。

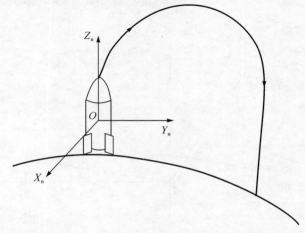

图 1.17　发射坐标系

　　按照上述规则转动的三个角度，可以说是欧拉角选取的又一实例。在惯性系统的分析中，需要用到地平坐标系（n 系）对弹体坐标系（b 系）的坐标变换矩阵。该坐标变换矩阵表示为

$$\boldsymbol{C}_n^b = \begin{bmatrix} 1 & 0 & 0 \\ 0 & \cos\gamma & \sin\gamma \\ 0 & -\sin\gamma & \cos\gamma \end{bmatrix} \begin{bmatrix} \cos\psi & 0 & \sin\psi \\ 0 & 1 & 0 \\ -\sin\psi & 0 & \cos\psi \end{bmatrix} \begin{bmatrix} 0 & \cos\theta & \sin\theta \\ 0 & -\sin\theta & \cos\theta \\ 1 & 0 & 0 \end{bmatrix} =$$

$$\begin{bmatrix} \sin\psi & \cos\psi\cos\theta & \cos\psi\sin\theta \\ \sin\gamma\cos\psi & -\sin\gamma\sin\psi\cos\theta-\cos\gamma\sin\theta & -\sin\gamma\sin\psi\sin\theta+\cos\gamma\cos\theta \\ \cos\gamma\cos\psi & -\cos\gamma\sin\psi\cos\theta+\sin\gamma\sin\theta & -\cos\gamma\sin\psi\sin\theta-\sin\gamma\cos\theta \end{bmatrix}$$

$$(1.12)$$

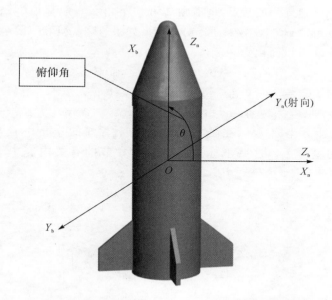

图 1.18　理想情况下发射坐标系与弹体坐标系的关系

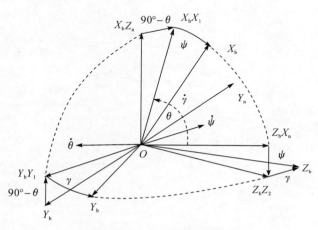

图 1.19　导弹的姿态角

根据弹道导弹的特点,偏航角 ψ 和横滚角 γ 一般都很小,故有 $\cos\psi \approx 1, \sin\psi \approx \psi, \cos\gamma \approx 1, \sin\gamma \approx \gamma$。如果忽略二阶和三阶小量,则式(1.12)可以简化为

$$\boldsymbol{C}_n^b = \begin{bmatrix} \psi & \cos\theta & \sin\theta \\ \gamma & -\sin\theta & \cos\theta \\ 1 & \gamma\sin\theta - \psi\cos\theta & -\gamma\cos\theta - \psi\sin\theta \end{bmatrix} \tag{1.13}$$

除以上各坐标系外,在惯性敏感器和惯性系统的分析中,还常用到其他的坐标系。这些坐标系将在后续章节的有关内容中予以叙述。

第 2 章 惯导系统误差模型

惯导系统在制造、装配及使用过程中存在着误差,这些误差大致可分为以下几类。

(1)惯性仪表误差。它主要指陀螺仪和加速度计的误差,又包括静态误差、动态误差和随机误差等。

(2)安装误差。它主要指当测量仪表陀螺仪和加速度计安装在台体上时,安装的非正交误差。

(3)其他误差。它包括初始条件误差及计算误差等,主要指初始对准误差、初始位置和速度误差及其他计算时的近似误差等。

从惯导系统的工作原理可知,惯性仪表误差是惯导系统误差的主要来源,占总误差的 70%,而初始对准误差占 20%。

2.1 惯性仪表的误差模型

惯性仪表的误差模型描述惯性仪表误差与有关物理量之间关系的数学表达式,通常分为以下几类。

(1)静态误差模型。在线运动条件下,惯性仪表误差的数学表达式称为静态误差模型。它确定了惯性仪表误差与比力之间的函数关系。

(2)动态误差模型。在角运动条件下,惯性仪表误差的数学表达式称为动态误差模型。它确定了惯性仪表误差与角速度、角加速度之间的函数关系。

(3)随机误差模型。引起惯性仪表误差的诸多因素是带有随机性的,应用数理统计与模型辨识理论所建立的描述惯性仪表随机误差的数学表达式,即为随机误差模型。

2.1.1 陀螺仪误差模型

2.1.1.1 陀螺仪的静态误差模型

这里以单自由度陀螺仪为例,分析其静态误差模型。陀螺仪的静态误差又称为静态漂移误差,在研究单自由度陀螺仪静态漂移误差时,设壳体坐标系为 $OX_b Y_b Z_b$,陀螺坐标系为 $OX_g Y_g Z_g$,其中 OY_g 轴沿输出轴 OA,OZ_g 轴沿转子轴 SA,OX_g 轴与 OY_g、OZ_g 轴成右手直角坐标系。假设比力在陀螺坐标系上的分量为 f_x、f_y 和 f_z,如图 2.1 所示。由于在实际应用中,陀螺仪往往处于在伺服回路中或力矩反馈状态下工作,所以绕输出轴的转角 θ_y 很小,可以近似认为框架坐标系与壳体坐标系各轴重合在一起。

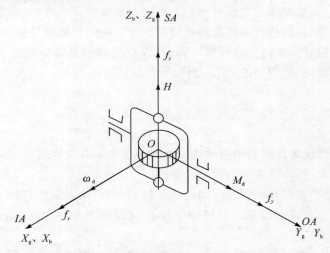

图 2.1 比力分量在陀螺仪坐标系中的关系

假设陀螺自转角动量为 H,绕输出轴(框架轴)作用的干扰力矩为 M_d。根据单自由度陀螺仪漂移的定义及各矢量间关系,可以写出陀螺仪漂移误差的表达式为

$$\omega_d = -\frac{M_d}{H} \tag{2.1}$$

对于转子式陀螺仪,绕输出轴作用在陀螺仪上的干扰力矩,一般可以表示为由以下三种不同规律的力矩分量组成:

$$M_d = M_{d0} + M_{d1} + M_{d2} \tag{2.2}$$

式中,M_{d0} 为绕输出轴与比力无关的干扰力矩;M_{d1} 为绕输出轴与比力一次方成比例的干扰力矩;M_{d2} 为绕输出轴与比力二次方成比例的干扰力矩。

1. 与比力无关的干扰力矩

与比力无关的干扰力矩主要是由导线弹性约束、电磁反作用力矩和工艺误差等引起的。其大小与方向在一段工作时间内可认为是不变化的,称为零次项误差。

2. 质量不平衡力矩

与比力一次方成比例的干扰力矩主要是由质量不平衡等因素引起的,称为一次项误差。所谓质量不平衡,是指陀螺组件的质量中心与支撑中心不重合而形成的不平衡。例如,陀螺组件静平衡不精确或各种零件材料热膨胀系数不匹配,都会造成陀螺组件质心偏离支撑中心,从而形成质量不平衡力矩。

设陀螺组件的质量为 m,其质心沿陀螺各轴偏离支撑中心的距离分别为 l_x、l_y 和 l_z。在比力作用下,根据如图 2.2 所示,可列写出绕输出轴 OA 的质量不平衡力矩表达式为

$$M_{d1} = ml_z f_x - ml_x f_z \tag{2.3}$$

3. 非等弹性力矩

与比力二次方成比例的干扰力矩主要是非等弹性力矩,称为二次项误差,是由结构的不等弹性或不等刚度引起的。当陀螺组件沿三个轴受到外力 F 的作用时,因结构的弹性变形,其质心沿三个轴向将产生位移 δ,按胡克定律有

$$F = k\delta$$

式中,k 称为弹性系数。则质心沿每个轴向的弹性位移均可表示为

$$\delta = \frac{1}{k}F = cF \qquad (2.4)$$

式(2.4)中 c 为柔性系数,是弹性系数 k 的倒数,它表示单位力所引起的质心的弹性变形位移。若陀螺组件质心沿三个轴的弹性变形位移与沿这些轴向作用力的比值相等,即沿三个轴方向的柔性系数均相等,则此结构是等弹性或等刚度的;若不相等,则此结构是不等弹性或不等刚度的。

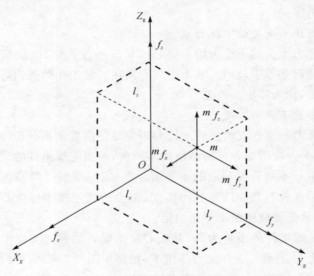

图 2.2　陀螺仪组件的质心偏移

　　在陀螺仪等弹性的情况下,若受到力的作用,其质心将沿着力的作用方向偏离支撑中心[见图 2.3(a)],即力的作用线将通过支撑中心,不会对框架轴形成力矩。在陀螺仪不等弹性的情况下,若受到力的作用,其质心不会正好沿着力的作用偏离支撑中心[见图 2.3(b)],即力的作用线不通过支撑中心,从而对框架轴形成力矩。这种性质的力矩叫不等弹性力矩。

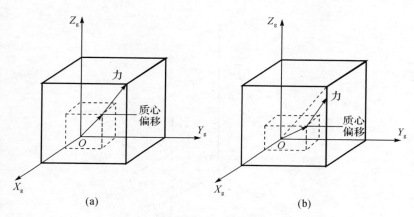

图 2.3　等弹性变形与不等弹性变形

设陀螺组件沿陀螺各轴的柔性系数不等,分别为 c_{xx}、c_{yy} 和 c_{zz}。在比力的作用下,陀螺组件质心沿陀螺各轴的弹性形变可表示为

$$\left.\begin{aligned} \delta_x &= c_{xx} m f_x \\ \delta_y &= c_{yy} m f_y \\ \delta_z &= c_{zz} m f_z \end{aligned}\right\} \qquad (2.5)$$

如果写成矩阵形式则为

$$\begin{bmatrix} \delta_x \\ \delta_y \\ \delta_z \end{bmatrix} = m \begin{bmatrix} c_{xx} & 0 & 0 \\ 0 & c_{yy} & 0 \\ 0 & 0 & c_{zz} \end{bmatrix} \begin{bmatrix} f_x \\ f_y \\ f_z \end{bmatrix} \qquad (2.6)$$

在比力作用下,根据图 2.4 的关系,可列写出绕输出轴 OA 的不等弹性力矩表达式为

$$M_{d2} = m \delta_z f_x - m \delta_x f_z \qquad (2.7)$$

将式(2.6)代入式(2.7)得

$$M_{d2} = m^2 (c_{zz} - c_{xx}) f_z f_x \qquad (2.8)$$

4.误差模型

将式(2.3)和式(2.8)代入式(2.2)后再代入式(2.1),则得到单自由度陀螺仪漂移误差的表达式为

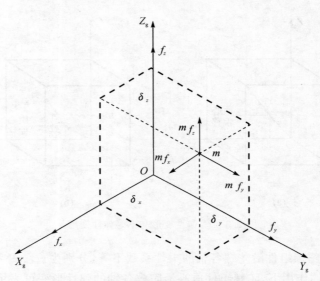

图 2.4   陀螺仪组件质心的弹性变形位移

$$\omega_d = -\frac{1}{H}\left[M_{d0} + ml_z f_x - ml_x f_z + m^2(c_{zz} - c_{xx})f_z f_x\right] \quad (2.9)$$

式(2.9)就是单自由度陀螺仪基本的静态漂移误差模型。该漂移误差模型中包含四个漂移误差项,其中第一项为对比力不敏感的漂移误差项,第二项和第三项为对比力一次方敏感的漂移误差项,第四项为对比力二次方敏感的漂移误差项,各有其确定的物理意义。

上述不等弹性力矩是在假设沿陀螺某轴的外力仅引起质心沿该轴向的弹性变形位移,即是在假设柔性主轴与陀螺各轴相重合的情况下推导出来的。当建立比较完整的漂移误差数学模型时,应考虑沿陀螺某轴的外力除引起该轴向的弹性变形位移外,还引起质心沿其他轴向的弹性变形位移的情况,即应考虑柔性主轴与陀螺各轴不相重合的一般情况。在这种情况下,陀螺组件质心沿各轴的弹性变形位移可表示为

$$\begin{bmatrix} \delta_x \\ \delta_y \\ \delta_z \end{bmatrix} = m \begin{bmatrix} c_{xx} & c_{xy} & c_{xz} \\ c_{yx} & c_{yy} & c_{yz} \\ c_{zx} & c_{zy} & c_{zz} \end{bmatrix} \begin{bmatrix} f_x \\ f_y \\ f_z \end{bmatrix} \qquad (2.10)$$

式(2.10)中的矩阵称为陀螺组件的弹性变形张量,矩阵中的元素 c_{ij} 代表沿 j 方向的单位力所引起的陀螺组件沿 i 方向的弹性变形位移。

将式(2.10)代入式(2.7),可得在柔性主轴与陀螺各轴不重合的情况下绕输出轴 OA 的不等弹性力矩表达式为

$$M_{d2} = m^2 c_{zy} f_x f_y - m^2 c_{xy} f_y f_z + m^2 (c_{zz} - c_{xx}) f_z f_x +$$
$$m^2 c_{zx} f_x^2 - m^2 c_{xz} f_z^2 \qquad (2.11)$$

将式(2.3)和式(2.11)代入式(2.2)后再代入式(2.1),则得到在这种一般情况下单自由度陀螺仪漂移误差的表达式为

$$\omega_d = -\frac{1}{H} [M_{d0} + ml_z f_x - ml_x f_z + m^2 c_{zy} f_x f_y - m^2 c_{xy} f_y f_z +$$
$$m^2 (c_{zz} - c_{xx}) f_z f_x + m^2 c_{zx} f_x^2 - m^2 c_{xz} f_z^2] \qquad (2.12)$$

该漂移误差模型中包含八个漂移误差项,其中第一项为对比力不敏感的漂移误差项,第二项和第三项为对比力一次方敏感的漂移误差项,第四项至第八项为对比力二次方敏感的漂移误差项。

还常把上述单自由度陀螺仪静态漂移误差模型简化成以下形式:

$$\omega_d = D_f + D_x f_x + D_z f_z + D_{xy} f_x f_y + D_{yz} f_y f_z +$$
$$D_{zx} f_z f_x + D_{xx} f_x^2 + D_{zz} f_z^2 \qquad (2.13)$$

式中,各 D 称为单自由度陀螺仪静态误差系数,对应式(2.12)中各项的系数。

根据上面的分析和推导过程可以看出,在含有八个误差项的误差漂移模型中,每一项漂移误差都对应有明确的物理意义。从形成漂移误差的物理机制来看,这样的漂移误差模型似乎已经比较完整地描述了线运动条件下单自由度陀螺仪的漂移误差特征。然而,对测试数据分析的结果表明,在某些情况下会出现上面所列八个误差

项之外的漂移误差。于是，按经验引入两个漂移误差项 $D_y f_y$ 和 $D_{yy} f_y^2$，由此得到以下完整的静态漂移误差数学模型：

$$\omega_d = D_f + D_x f_x + D_y f_y + D_z f_z + D_{xy} f_x f_y + D_{yz} f_y f_z +$$
$$D_{zx} f_z f_x + D_{xx} f_x^2 + D_{yy} f_y^2 + D_{zz} f_z^2 \tag{2.14}$$

2.1.1.2 陀螺仪的动态误差模型

利用欧拉动力学方程可推得单自由度陀螺仪的运动方程的表达式

$$I_x \ddot{\theta}_x + D \dot{\theta}_x + K \theta_x = H(\omega_y \cos\theta_x - \omega_z \sin\theta_x) + I_x \dot{\omega}_x +$$
$$(I_z - I_y)(\omega_z \cos\theta_x + \omega_y \sin\theta_x) \times$$
$$(\omega_y \cos\theta_x - \omega_z \sin\theta_x) - M_f \tag{2.15}$$

等号右边各项中，除了有用输入 $H\omega_y$（θ_x 为小角）外，其他均可看成误差项。其中 M_f 对应的干扰力矩利用 2.1.1.1 节建立陀螺仪的静态误差模型，而其余部分和角运动量有关，代表壳体角运动引起的干扰力矩 M_c，则有

$$M_c = I_x \dot{\omega}_x + (I_z - I_y)\omega_z \omega_y + [(I_z - I_y)(\omega_y^2 - \omega_z^2) - H\omega_z]\theta_x \tag{2.16}$$

将式（2.16）代入式（2.1），得到单自由度陀螺仪的动态误差模型为

$$\omega_c = -\frac{I_x}{H}\dot{\omega}_x - \frac{I_z - I_y}{H}\omega_z \omega_y - \frac{I_z - I_y}{H}(\omega_y^2 - \omega_z^2)\theta_x + \omega_z \theta_x \tag{2.17}$$

其中，等式右边第一项为角加速度误差，第二项为非等惯性误差，第三项为非等惯性耦合误差，第四项为交叉耦合误差。

1. 角加速度误差

角加速度误差是由壳体沿输出轴的角加速度 $\dot{\omega}_x$ 和陀螺仪绕输出轴的转动惯量 I_x 形成的牵连惯性力矩引起的。式（2.17）中 I_x/H 称为角加速度灵敏度。

通过简单计算可得，当壳体沿输出轴的角加速度为 1 rad/s^2 时，所造成的漂移误差将达到 140°/h 以上，所以角加速度误差是一项相

当大的动态误差项。

2. 非等惯性误差

非等惯性误差是由框架组件绕自转轴的转动惯量 I_z 与绕输入轴的转动惯量 I_y 不相等,在角运动条件下形成非等惯性力矩引起的。式(2.17)中 $\dfrac{I_z - I_y}{H}$ 称为非等惯性误差系数。

同样,通过计算可得,当壳体角速度 ω_z 与 ω_y 的乘积为 1 rad/s² 时,所造成的漂移误差将达到 4°/h 以上。为了减小这项误差,在仪表结构设计中应尽量使框架组件转动惯量相等。

3. 非等惯性耦合误差

非等惯性耦合误差由框架组件绕自转轴的转动惯量 I_z 与绕输入轴的转动惯量 I_y 不相等,且通过与框架转角 θ_x 的耦合而引起的。因为陀螺仪均工作在力反馈工作状态下,且有 $\theta_x = \dfrac{H}{K}\omega_y$。而力矩再平衡回路增益 K 的数值通常都取得很高,所以 θ_x 很小。加之非等惯性本身的数值较小,因而非等惯性耦合误差是很小的。我们将 $\dfrac{I_z - I_y}{K}$ 称为非等惯性耦合误差系数。

4. 交叉耦合误差

当框架相对壳体出现转角 θ_x 时,壳体沿与输入轴正交的 z_b 轴的角速度 ω_z 的分量 $\omega_z \sin\theta_x \approx \omega_z\theta_x$ 也被陀螺仪敏感到。交叉耦合误差即由 $\omega_z\theta_x$ 形成的绕输出轴的陀螺力矩 $H\omega_z\theta_x$ 而引起。因为 H 数值很大,所以要减小交叉耦合误差,必须保证 θ_x 足够小,即要求力矩再平衡回路具有足够高的增益 K。

2.1.2 加速度计误差模型

2.1.2.1 加速度计的静态误差模型

在线运动条件下,加速度计的测量误差与比力之间关系的数学表达式称为加速度计的静态误差模型。

如图 2.5 所示，取壳体坐标系 $OX_bY_bZ_b$ 和摆组件坐标系 $OX_aY_aZ_a$。

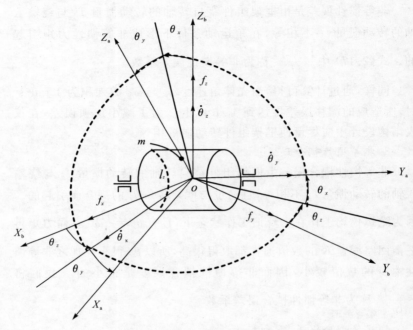

图 2.5　有安装误差角时壳体坐标系与摆组件坐标系的关系

设初始位置时，摆组件坐标系各轴与壳体坐标系各轴不相重合，而是相差安装误差角 θ_x 和 θ_z。当摆组件坐标系相对壳体坐标系绕输出 OY_a 转动 θ_y 角时，两个坐标系之间的关系示于图 2.5 中。安装误差角 θ_x 和 θ_z 为小角度，摆组件转角 θ_y 也为小角度（因加速度计处于力矩反馈状态下工作，此条件可得到满足）。当 θ_x、θ_y、θ_z 均为小角度时，摆组件坐标系对壳体坐标系的方向余弦矩阵为

$$\boldsymbol{C}_b^a = \begin{bmatrix} 1 & \theta_z & -\theta_y \\ -\theta_z & 1 & \theta_x \\ \theta_y & -\theta_x & 1 \end{bmatrix} \qquad (2.18)$$

假设沿壳体坐标系各轴的比力分量分别为 f_x、f_y 和 f_z。当摆组件坐标系相对壳体坐标系有偏角 θ_x、θ_y 和 θ_z 时,可以利用方向余弦矩阵,把这些比力分量交换到摆组件坐标系上来表示,即

$$\begin{bmatrix} f_{ax} \\ f_{ay} \\ f_{az} \end{bmatrix} = \begin{bmatrix} 1 & \theta_z & -\theta_y \\ -\theta_z & 1 & \theta_x \\ \theta_y & -\theta_x & 1 \end{bmatrix} \begin{bmatrix} f_x \\ f_y \\ f_z \end{bmatrix} = \begin{bmatrix} f_x + \theta_z f_y - \theta_y f_z \\ f_y - \theta_z f_x + \theta_x f_z \\ f_z + \theta_y f_x - \theta_x f_y \end{bmatrix}$$

$$(2.19)$$

设比力为零时,摆组件的质心不仅沿摆性轴(z_a 轴)方向有偏移 l_z(这是加速度计工作原理所要求的),而且还沿摆组件坐标系的另两根轴(x_a 轴和 y_a 轴)方向有偏移 l_x 和 l_y(这是加速度计配装调试误差所造成的)。在比力的作用下,由于摆组件结构的弹性变形,摆组件质心将产生弹性变形位移。如果考虑柔性主轴与组件各轴不重合的一般情况,则摆组件的弹性变形张量(柔性系数矩阵)可表示为

$$C = \begin{bmatrix} c_{xx} & c_{xy} & c_{xz} \\ c_{yx} & c_{yy} & c_{yz} \\ c_{zx} & c_{zy} & c_{zz} \end{bmatrix}$$

$$(2.20)$$

矩阵(2.20)中的元素 c_{ij} 代表沿 j 方向的单位力所引起的摆组件沿 i 方向的弹性变形位移。在这种情况下,摆组件的质心位置在摆组件坐标系中可表示为

$$\begin{bmatrix} L_x \\ L_y \\ L_z \end{bmatrix} = \begin{bmatrix} l_x \\ l_y \\ l_z \end{bmatrix} + m \begin{bmatrix} c_{xx} & c_{xy} & c_{xz} \\ c_{yx} & c_{yy} & c_{yz} \\ c_{zx} & c_{zy} & c_{zz} \end{bmatrix} \begin{bmatrix} f_x + \theta_z f_y - \theta_y f_z \\ f_y - \theta_z f_x + \theta_x f_z \\ f_z + \theta_y f_x - \theta_x f_y \end{bmatrix}$$

式中,m 为摆组件的质量。

摆组件弹性变形张量矩阵中,非主对角线上的各元素均为微量,安装误差角 θ_x、θ_y 和摆组件转角 θ_z 也为微量,略去两矩阵相乘后的二阶微量后得

$$\begin{bmatrix} L_x \\ L_y \\ L_z \end{bmatrix} = \begin{bmatrix} l_x + mc_{xx}f_x + m(c_{xy} + c_{xx}\theta_z)f_y + m(c_{xz} - c_{xx}\theta_y)f_z \\ l_y + m(c_{yx} - c_{yy}\theta_z)f_x + mc_{yy}f_y + m(c_{yz} + c_{yy}\theta_x)f_z \\ l_z + m(c_{zx} + c_{zz}\theta_y)f_x + m(c_{zy} - c_{zz}\theta_x)f_y + mc_{zz}f_z \end{bmatrix}$$

$$(2.21)$$

在比力的作用下,摆组件的质心偏移将会形成绕三个轴的力矩。但只有绕输出轴的力矩才会引起摆组件偏转而产生输出。根据如图 2.6 所示的关系,可列写出绕输出轴作用在摆组件上的力矩表达式为

$$M_y = ml_z f_x - ml_x f_z \qquad (2.22)$$

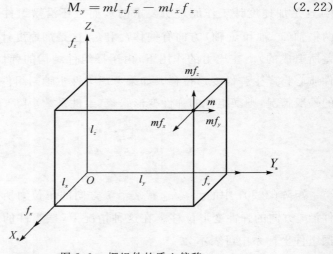

图 2.6　摆组件的质心偏移

将式(2.19)和式(2.21)代入式(2.22),并忽略二阶微量后得

$$M_y = ml_z(f_x + \theta_z f_y - \theta_y f_z) - ml_x(f_z + \theta_y f_x - \theta_x f_y) +$$
$$m^2[c_{xx}f_x^2 + c_{zy}f_x f_y - c_{xy}f_y f_z + (c_{zz} - c_{xx})f_z f_x - c_{xz}f_z^2]$$

$$(2.23)$$

对于一个理想的加速度计,希望只敏感沿输入轴的比力 f_x,由比力和摆性 ml_z 所形成的绕输出轴的力矩为 $ml_z f_x$。所以在式(2.

23) 中,除第一项力矩 ml_zf_x 以外,其余力矩均为误差力矩。

前已述及,加速度计必须处在力矩反馈状态下工作。在理想情况下,平衡回路的反馈力矩 $K\theta_y$(K 为力矩再平衡回路增益)与输入力矩 ml_zf_x 相平衡,亦即摆组件绕输出轴的稳态转角应当满足

$$\theta_y = \frac{ml_z}{K}f_x$$

在有误差力矩的情况下,摆组件的稳态转角将不再是这一数值,而是

$$\theta_y^* = \frac{M_y}{K}$$

当用信号器把该转角变换成电信号输出时,输出当中就包含了各种误差因素的影响,从而造成比力的测量误差。

但当估计误差力矩的量值时,式(2.23)中的 θ_y 仍可近似用式 $\theta_y = \frac{ml_z}{K}f_x$ 代入,这样得到

$$M_y = ml_zf_x + m(l_x\theta_x - l_z\theta_z)f_y - ml_xf_z + m^2c_{zy}f_xf_y -$$
$$m^2c_{xy}f_yf_z + m^2\left[(c_{zz} - c_{xx}) - \frac{l_z^2}{K}\right]f_zf_x +$$
$$m^2\left[c_{zx} - \frac{l_xl_z}{K}\right]f_x^2 - m^2c_{zx}f_z^2 \tag{2.24}$$

在该力矩表达式中,除了包含由摆性 ml_z 和沿输入轴比力 f_x 所形成的第一项力矩(输入力矩)外,还包含了由摆组件的安装误差角 θ_x 和 θ_z 而引起的交叉耦合误差力矩,由摆组件的质量不平衡 ml_x 而引起的质量不平衡误差力矩,由摆组件的交叉弹性 c_{zy}、c_{xy} 和不等弹性($c_{zz} - c_{xx}$)而引起的交叉耦合误差力矩,以及由摆组件的交叉弹性 c_{zx} 而引起的二阶非线性误差力矩。

为了得到加速度计的电压输出值,引入加速度计每单位电压输出值(毫伏或伏)的再平衡力矩 M_U。将式(2.24)等号两边同除以 M_U,便可得到加速度计电压输出的表达式为

$$U = K_x f_x + K_y f_y + K_z f_z + K_{xy} f_x f_y + K_{yz} f_y f_z +$$
$$K_{zx} f_z f_x + K_{xx} f_x^2 + K_{zz} f_z^2 \qquad (2.25)$$

式中,各 K 符号与式(2.24)中各项系数相对应。

式(2.25)中的第一项为理想情况下加速度计的输出,第二项为输出轴灵敏度误差,第三项为摆性轴灵敏度误差,第四 ～ 六项为交叉轴耦合误差,第七项为二阶非线性误差,第八项为摆性轴灵敏度二阶非线性误差。

如果将式(2.24)等号两边同除以摆性 ml_z,或将式(2.25)等号两边同除以加速度计的刻度因数 K_x,则可得到加速度计比力输出的表达式为

$$f = f_x + K_y^* f_y + K_z^* f_z + K_{xy}^* f_x f_y + K_{yz}^* f_y f_z +$$
$$K_{zx}^* f_z f_x + K_{xx}^* f_x^2 + K_{zz}^* f_z^2 \qquad (2.26)$$

式中,各系数所代表的内容也是分别与式(2.24)和式(2.25)相对应的。

如果考虑更为一般的情况,还必须在上述数学模型的基础上再进行扩充。当输入比力为零时加速度计有零位输出,则必须增加零位误差项(或称偏值),即 K_F 项。当运载器的加速度很大或进行加速度计的线振动试验时,则必须增加输入轴比力三阶非线性项,即 $K_{xx} f_x^3$。这样,可以得到如下的静态数学模型:

$$U = K_F + K_x F_x + K_y f_y + K_z f_z + K_{xy} f_x f_y + K_{yz} f_y f_z +$$
$$K_{zx} f_z f_x + K_{xx} f_x^2 + K_{zz} f_z^2 + K_{xx} f_x^3 \qquad (2.27)$$

这里所增加的零位误差项是由信号器的零位误差引起的,它仍然有明确的物理意义。至于所增加的输入轴比力三阶非线性项,可以更加精确地表述在大比力条件下加速度计的静态特性。

2.1.2.2　加速度计的动态误差数学模型

与陀螺仪的动态误差模型建立过程一样,较为完整的加速度计动态误差模型通常也是采用欧拉动力学方程来建立的。

在如图 2.5 所示坐标系中,设沿着壳体坐标系三个轴向的角加速度、角速度量分别为 $\dot{\omega}_x$、ω_x、$\dot{\omega}_y$、ω_y、$\dot{\omega}_z$ 和 ω_z。取摆组件坐标系为动坐标系,只考虑惯性主轴上的转动惯量 J_x、J_y、J_z 影响,则利用欧拉动力学方程式可推得摆式加速度计完整的运动方程为

$$M = J_y(\ddot{\theta}_y + \dot{\omega}_y) - (J_z - J_x)\omega_z\omega_x - (J_z - J_x)(\omega_x^2 - \omega_z^2)\theta_y$$

$$(2.28)$$

式中,M 为绕输出轴作用在摆组件上的外力矩,包括比力作用下的输入力矩、阻尼力矩、弹性力矩、反馈力矩和干扰力矩等。由式(2.28)可看出,角运动误差力矩 M_c 为

$$M_c = -J_y\dot{\omega}_y + (J_z - J_x)\omega_z\omega_x + (J_z - J_x)(\omega_x^2 - \omega_z^2)\theta_y$$

$$(2.29)$$

则按比力误差表示的动态误差数学模型表达式为

$$\delta f = -\frac{J_y}{ml_z}\dot{\omega}_y + \frac{J_z - J_x}{ml_z}\omega_z\omega_x + \frac{J_z - J_x}{ml_z}(\omega_x^2 - \omega_z^2)\theta_y \quad (2.30)$$

式中,等式右边第一项为角加速度误差项;第二项为不等惯性误差项;第三项为不等惯性耦合误差项。

2.2　惯导系统的误差模型

2.2.1　平台惯导系统的漂移误差模型

从平台工作原理可知,平台的控制系统由三条稳定回路构成,而其中陀螺仪作为测量元件。因此,平台惯导系统的漂移误差模型取决于陀螺仪的静态误差模型,其基本形式可按式(2.14)定义。

根据工程实际所选用的陀螺仪类型不同,以及标定测试方法的限制,也可对式(2.14)进行筛选、简化。通常忽略二次项以上系数项,则得其漂移误差模型为

$$\omega_d = D_f + D_x f_x + D_y f_y + D_z f_z \quad (2.31)$$

各符号定义同式(2.14)。

由于平台系统框架结构隔离了弹体角运动对加速度计的影响，加速度计的误差模型可根据式(2.27)简化为

$$U = K_F + K_x f_x + K_y f_y + K_z f_z \qquad (2.32)$$

各符号定义同式(2.27)。

2.2.2 捷联惯导系统的误差模型

捷联惯导系统的误差源与平台惯导系统基本相似，但是由于具体实现的原理不同，捷联惯导系统的误差也具有其自身的特点。其中最大的差别在于：在捷联惯导系统中惯性仪表直接安装在导弹上，导弹上的动态环境，特别是它的角运动将直接作用在惯性仪表上，同时考虑安装误差的影响，则捷联惯导系统陀螺仪的误差模型可根据式(2.14)改写为

$$\left.\begin{aligned}
N_x &= E_{1x}(D_{0x} + D_{1x}f_x + D_{2x}f_y + D_{3x}f_z + \omega_x + E_{yx}\omega_y + E_{zx}\omega_z) \\
N_y &= E_{1y}(D_{0y} + D_{1y}f_x + D_{2y}f_y + D_{3y}f_z + E_{xy}\omega_x + \omega_y + E_{zy}\omega_z) \\
N_z &= E_{1z}(D_{0z} + D_{1z}f_x + D_{2z}f_y + D_{3z}f_z + E_{xz}\omega_x + E_{yz}\omega_y + \omega_z)
\end{aligned}\right\}$$

$$(2.33)$$

式中，N_x、N_y 和 N_z 分别表示陀螺仪 X 向、Y 向和 Z 向通道单位时间内输出的脉冲个数，(")/s；D_{0x}、D_{0y} 和 D_{0z} 分别表示陀螺仪 X 向、Y 向和 Z 向通道常值漂移，(°)/h；D_{1x}、D_{1y} 和 D_{1z} 分别表示陀螺仪 X 向、Y 向和 Z 向通道输出受 X 向视加速度的影响系数，(°)/(h·g)；D_{2x}、D_{2y} 和 D_{2z} 分别表示陀螺仪 X 向、Y 向、Z 向通道输出受 Y 向视加速度的影响系数，(°)/(h·g)；D_{3x}、D_{3y} 和 D_{3z} 分别表示陀螺仪 X 向、Y 向、Z 向通道输出受 Z 向视加速度的影响系数，(°)/(h·g)；E_{1x}、E_{1y} 和 E_{1z} 分别表示陀螺仪 X 向、Y 向、Z 向通道输出的脉冲当量，(")/"；E_{yx} 和 E_{zx} 分别为陀螺仪 ω_x 轴垂直于本体 OY 轴和 OZ 轴的安装误差系数，rad；E_{xy} 和 E_{zy} 分别为陀螺仪 ω_y 轴垂直于本体 OX 轴和 OZ 轴的

安装误差系数，rad；E_{xz} 和 E_{yz} 分别为陀螺仪 ω_z 轴垂直于本体 OX 轴和 OY 轴的安装误差系数，rad。

如果捷联式惯导系统选用的陀螺仪为非转子式陀螺仪，比如光学陀螺仪或微机械陀螺仪，则其误差模型又可将式（2.33）中与视加速度有关的 D_{1i}、D_{2i} 和 D_{3i} 的误差项忽略。

加速度计的误差模型与平台系统中加速度计的误差模型相同，可选用式（2.32）。为进一步提高误差补偿精度，在高精度导航系统中，加速度计的误差模型也应考虑二阶项的影响，可对式（2.27）进行相应的筛选。

第3章 惯导系统测试原理

惯性系统的误差模型建立好后,必须通过测试计算出模型中各误差系数,此测试称为惯性系统的标定测试,在此基础上才能进行误差补偿。从 2.2 节推得的误差模型中可看出,原则上只要给定不同的比力或角速率输入,同时采集不同状态下的输出,再通过联立方程或拟合等数据处理方法就可解得各系数。角速率的激励可通过速率转台、角振动台提供,可标定出惯性仪表的动态误差系数。而静态误差的标定测试是通过 $1g$ 重力场试验进行的,即以当地地球重力加速度 g 作为陀螺仪和加速度计的输入。

实验室条件下,对惯性仪表进行误差标定测试时,利用地球重力加速度作为输入,输入范围限于 $\pm 1g$,测试时可通过改变仪表输入轴相对重力加速度矢量的位置,以获得更多的输入信息。因此,在这种条件下,沿仪表各轴的比力分量就等于重力加速度分量 g_i。

而对于角速率的激励,往往由高精度的速率转台提供。

3.1 基本测试方法

对于惯导系统中的陀螺仪漂移测试标定,常用方法有伺服回路法和力矩反馈法。

伺服回路法是将需要标定的惯导系统安装在精密转台上,使陀螺的输入轴与转台的旋转轴一致,陀螺的输出信号经放大后送到旋转轴上的力矩马达(伺服电机),产生力矩转动转台,从而给陀螺输入角速度,构成一伺服回路。当陀螺和伺服回路的工作稳定后,陀螺的干扰力矩与伺服角速度所产生的陀螺力矩相抵消,陀螺传感器输出信号不变,这时扣除地速影响后,就是陀螺的漂移系数。伺服回路法测试精度较高,但设备复杂,且对于安装于惯导系统上的陀螺来说,测试比较困难,往往适用于单表的标定。因此对于惯导系统的测试标定一般采用力矩反馈法,力矩反馈法又包括小回路测试方法与大回路测试方法。

小回路测试方法是陀螺输出轴在内部干扰力矩 M_T 的作用下,会产生转角 β,通过传感器输出电压信号,电压信号经过一个反馈放大器变换放大成电流信号 I,输入到力矩器中产生电磁力矩 M_β,与干扰力矩 M_T 平衡,从而形成一条负反馈回路。回路稳定后,电磁力矩 M_β 与干扰力矩 M_T 相平衡,通过测定反馈电流 I,就能计算出陀螺的漂移速度。其原理如图 3.1 所示,捷联惯导系统中陀螺仪的标定采用的就是这种方法。早期的平台惯导系统漂移测试用的也是小回路测试法,但其缺点是只考虑了陀螺仪漂移引起的平台漂移,而忽略了平台稳定回路的漂移影响。

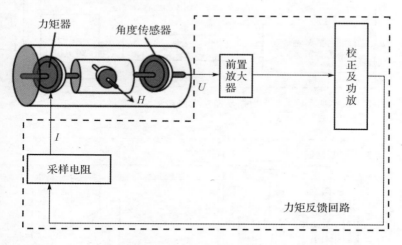

图 3.1　力矩反馈法小回路测漂原理图

所谓大回路测试方法,即是陀螺输出轴在内部干扰力矩 M_T 的作用下,产生转角 β,通过平台惯导系统稳定回路作用,使平台台体绕相应轴发生转动,即产生平台漂移,这时相应轴姿态角传感器就有一定输出。通过测量平台轴姿态角传感器的输出,就能计算出陀螺的漂移速度。其测试原理如图 3.2 所示。

而对于惯导系统中的加速度计测试标定,采用的也是力矩反馈法,通过测量加速度计伺服回路中的反馈电流,从而计算加速度计误差系数。其测试原理如图 3.3 所示。

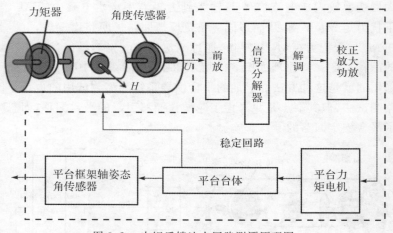

图 3.2　力矩反馈法大回路测漂原理图

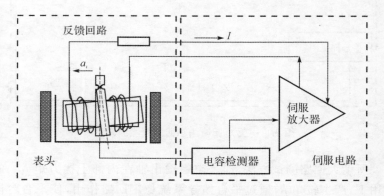

图 3.3　加速度计力矩反馈法测试原理图

3.2　平台惯导系统多位置标定方法

在实验室状态下标定平台惯导系统漂移误差系数和加速度计误差系数时,以重力加速度 g 作为激励项,需要通过位置变换实现不同误差系数方程的生成。

1. 位置设定

以式(2.31)所建平台惯导系统误差模型为例,以当地地理坐标系为基准,利用误差数学模型中每一项与惯导系统坐标系上重力加速度分量(分别对应陀螺仪输入、输出和自转轴的分量 g_i、g_o 和 g_s)的关系,从而获得所需要的激励。各陀螺在平台上安装位置关系如图 3.4 所示。通常采用九位置方法标定出误差模型中的零次项和一次项,可借助于精密转台实现位置的翻滚,位置设置取向见表 3-1。

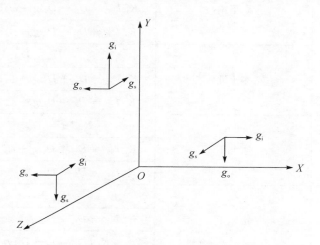

图 3.4　平台与陀螺仪安装坐标系

表 3 - 1　　九位置标定陀螺位置取向

位　置	平台内环轴 OX、外环轴 OZ 和台体轴 OY 在地理坐标系中的指向	X、Y 和 Z 陀螺仪输出方程
1	上西北	$K_{tx}I_{x1} = D_{fx} - D_{xx}g - \omega_{ie}\sin\varphi$
		$K_{ty}I_{y1} = D_{fy} - \omega_{ie}\cos\varphi$
		$K_{tz}I_{z1} = D_{fz}$
2	南西上	$K_{tx}I_{x2} = D_{fx} + \omega_{ie}\cos\varphi$
		$K_{ty}I_{y2} = D_{fy} - D_{yx}g - \omega_{ie}\sin\varphi$
		$K_{tz}I_{z2} = D_{fz} + D_{zy}g$
3	下西南	$K_{tx}I_{x3} = D_{fx} + D_{xx}g + \omega_{ie}\sin\varphi$
		$K_{ty}I_{y3} = D_{fy} + \omega_{ie}\cos\varphi$
		$K_{tz}I_{z3} = D_{fz}$
4	东下南	$K_{tx}I_{x4} = D_{fx} + D_{xy}g$
		$K_{ty}I_{y4} = D_{fy} - D_{yy}g - \omega_{ie}\cos\varphi$
		$K_{tz}I_{z4} = D_{fz} + D_{zx}g - \omega_{ie}\sin\varphi$
5	东上北	$K_{tx}I_{x5} = D_{fx} - D_{xy}g$
		$K_{ty}I_{y5} = D_{fy} + D_{yy}g - \omega_{ie}\cos\varphi$
		$K_{tz}I_{z5} = D_{fz} + D_{zx}g + \omega_{ie}\sin\varphi$
6	东北下	$K_{tx}I_{x6} = D_{fx}$
		$K_{ty}I_{y6} = D_{fy} + D_{yx}g + \omega_{ie}\sin\varphi$
		$K_{tz}I_{z6} = D_{fz} - D_{zy}g + \omega_{ie}\cos\varphi$
7	南东下	$K_{tx}I_{x7} = D_{fx} + \omega_{ie}\cos\varphi$
		$K_{ty}I_{y7} = D_{fy} + D_{yx}g + \omega_{ie}\sin\varphi$
		$K_{tz}I_{z7} = D_{fz} - D_{zy}g$

续 表

位　置	平台内环轴 OX、外环轴 OZ 和台体轴 OY 在地理坐标系中的指向	X、Y 和 Z 陀螺仪输出方程
8	西南下	$K_{tx} I_{x8} = D_{fx}$
		$K_{ty} I_{y8} = D_{fy} + D_{yx} f + \omega_{ie} \sin\varphi$
		$K_{tz} I_{z8} = D_{fz} - D_{zy} g - \omega_{ie} \cos\varphi$
9	北东上	$K_{tx} I_{x9} = D_{fx} - \omega_{ie} \cos\varphi$
		$K_{ty} I_{y9} = D_{fy} - D_{yx} g - \omega_{ie} \sin\varphi$
		$K_{tz} I_{z9} = D_{fz} + D_{zy} g$

其中，K_{ti} 为陀螺仪力矩器系数；ω_{ie} 为地球自转角速度；φ 为测试点纬度；I 为不同位置时陀螺仪输出的反馈电流。

通过表 3-1 中九组方程即可解得陀螺仪的各误差系数。

平台惯导系统上应用的石英加速度计，在实验室条件下只要求标定其主要系数，即加速度计的偏值 K_0（零次项）和比例系数 K_1（一次项），而对于在地面测试状态时，根据式（2-32），可将加速度计的输出模型简化为

$$U = K_0 + K_1 g$$

那么就可以采用所谓两点试验的二位置标定方法，即使加速度计正置（输入轴 Y 垂直向上）和倒置（输入轴 Y 垂直向下），然后按下式计算偏值和比例系数：

$$\left. \begin{aligned} K_0 &= (U_{180} + U_0)/2 \\ K_1 &= (U_{180} - U_0)/2 \end{aligned} \right\} \tag{3.1}$$

式中，U_0 和 U_{180} 为加速度计输入轴正向与重力加速度方向的夹角为

0°（正置）、180°（倒置）时，加速度计输出的电压值。

那么对于平台惯导系统上的三个加速度计，就可采用六位置法将 6 个系数标定出来。

2.数据处理

为了减小测试误差，惯性仪表的标定测试采用多次测试取平均的处理方法。测试次数根据指标要求，使用数理统计，寻找出用最少的测试次数来满足所要求的性能指标。而性能指标要求为

$$K = \overline{m} + 2.7\sigma \qquad (3.2)$$

式中，$\overline{m}$ 为多次测试的平均值；σ 为标准偏差。

陀螺仪漂移误差测量结果服从正态分布，由数理统计学得知，均值 m，标准差 σ，正态随机变量落在 $[m-2.7\sigma, m+2.7\sigma]$ 区间上的概率为 0.993，即随机点落入以 m 为中心，2.7σ 为半径的区间内几乎是必然事件。

3.3　捷联惯导系统多位置＋速率标定方法

捷联惯导系统误差标定同样包括陀螺仪的误差标定和石英挠性加速度计的误差标定。标定的方法常采用位置标定和速率标定。位置标定用来确定捷联惯导系统中加速度计的各项误差系数及陀螺仪静态误差模型中与加速度有关的各项误差系数。而速率标定是确定陀螺仪的标定因数和安装误差。

1.捷联惯导系统的位置标定

捷联惯导系统的位置标定常采用十二位置法、二十位置法或二十四位置法。以二十位置法为例，其具体位置以及各位置的标定顺

序见表 3 - 2。

表 3 - 2　捷联惯性系统的二十位置标定方位表

位置序号	方　位	旋转方向
1	南东上	
2	南上西	
3	南西下	OX_b 轴指南,绕 OX_b 轴逆时针旋转
4	南下东	
5	北上东	
6	东上南	
7	南上西	OY_b 轴指上,绕 OY_b 轴顺时针旋转
8	西上北	
9	西南上	
10	上南东	
11	东南下	OY_b 轴指南,绕 OY_b 轴顺时针旋转
12	下南西	
13	下西北	
14	东下北	
15	上东北	OZ_b 轴指北,绕 OZ_b 轴顺时针旋转
16	西上北	
17	西北下	
18	北东下	
19	东南下	OZ_b 轴指下,绕 OZ_b 轴顺时针旋转
20	南西下	

（1）加速度计的位置标定。加速度计误差模型的各个系数是通

过八位置标定来确定的,即在上述二十个测试位置中,取八个位置的测试数据代入加速度计误差模型,经计算后确定出各误差系数。下面以 A_x 加速度计为例介绍捷联惯导系统中加速度计的位置标定。

对于 A_x 加速度计而言,取测试位置的 $9\sim16$ 共八个位置。将这八组数据代入 A_x 加速度计的误差模型

$$N_{A_x} = k_{0x} + k_{1x}f_x + k_{2x}f_x^2 + k_{yx}f_y + k_{zx}f_z \tag{3.2}$$

则加速度计在八个位置上的表达式为

$$\left.\begin{array}{l} N_{A_{x9}} = k_{0x} + k_{zx}f_z \\ N_{A_{x10}} = k_{0x} + f_x + k_{2x}f_x^2 \\ N_{A_{x11}} = k_{0x} - k_{zx}f_x \\ N_{A_{x12}} = k_{0x} - f_x + k_{2x}f_x^2 \\ N_{A_{x13}} = k_{0x} - f_x + k_{2x}f_x^2 \\ N_{A_{x14}} = k_{0x} - k_{yx}f_y \\ N_{A_{x15}} = k_{0x} + f_x + k_{2x}f_x^2 \\ N_{A_{x16}} = k_{0x} + k_{yx}f_y \end{array}\right\} \tag{3.3}$$

式中,$f_x = f_y = f_z = g$。解算上面的八个方程,可以确定 A_x 加速度计的各误差系数。

同理,选取 20 个测试位置中的 $1\sim4,13\sim16$ 共八个位置可以确定 A_y 加速度计的各误差系数;选择其中的 $1\sim4,9\sim12$ 可以确定 A_z 加速度计的各误差系数。

(2)陀螺仪的位置标定。陀螺仪的位置标定是为了确定其误差模型中与加速度有关的误差系数以及零次漂移系数。而其误差模型中与角速度有关的标度因数和安装误差则由速率标定来确定。

下面以陀螺仪 X 通道为例说明陀螺仪的位置标定。对于 X 通道的陀螺仪,选取 20 个测试位置中的 $13\sim20$ 这八个位置来标定。

以式(2.33)所建误差模型为例,将这八个位置的角速率和加速度计输入代入 X 通道的误差模型,得到

$$N_{Gx}/E_{1x} = \omega_x + E_{yx}\omega_y + E_{zx}\omega_z + D_{0x} + D_{1x}f_x + D_{2x}f_y + D_{3x}f_z$$
$$(3.4)$$

因此,可以得到下面的表达式:

$$\left.\begin{aligned}
N_{Gx13}/E_{1x} &= -\omega_{ie}\sin\phi + E_{zx}\omega_{ie}\cos\phi + D_{0x} - D_{1x}f_x \\
N_{Gx14}/E_{1x} &= -E_{yx}\omega_{ie}\sin\phi + E_{zx}\omega_{ie}\cos\phi + D_{0x} - D_{2x}f_y \\
N_{Gx15}/E_{1x} &= \omega_{ie}\sin\phi + E_{zx}\omega_{ie}\cos\phi + D_{0x} + D_{1x}f_x \\
N_{Gx16}/E_{1x} &= E_{yx}\omega_{ie}\sin\phi + E_{zx}\omega_{ie}\cos\phi + D_{0x} + D_{2x}f_y \\
N_{Gx17}/E_{1x} &= E_{yx}\omega_{ie}\cos\phi - E_{zx}\omega_{ie}\sin\phi + D_{0x} - D_{3x}f_z \\
N_{Gx18}/E_{1x} &= \omega_{ie}\cos\phi - E_{zx}\omega_{ie}\sin\phi + D_{0x} - D_{3x}f_z \\
N_{Gx19}/E_{1x} &= -E_{yx}\omega_{ie}\cos\phi - E_{zx}\omega_{ie}\sin\phi + D_{0x} - D_{3x}f_z \\
N_{Gx20}/E_{1x} &= -\omega_{ie}\cos\phi - E_{zx}\omega_{ie}\sin\phi + D_{0x} - D_{3x}f_z
\end{aligned}\right\}(3.5)$$

式中,f_i 取测试点的重力加速度 g;ω_{ie} 为地球的自转角速度;ϕ 为测试点纬度。

解算上面的方程组,可以得到陀螺仪 X 通道与加速度有关的误差项和零次项漂移系数。

同理,选择位置13～20可以确定陀螺仪 Y 通道与加速度有关的误差项和零次项漂移系数;选择位置 5～12 可以确定陀螺仪 Z 通道与加速度有关的误差项和零次项漂移系数。

2. 捷联惯导系统的速率标定

捷联惯导系统中的速率标定主要用于分离陀螺仪的安装误差、标度因数,并计算出非线性误差。速率标定通过速率突停两用转台来进行,其标定步骤如下:

(1)顺序调整转台三次,每次均使捷联惯组的一个主轴在当地垂线方向上。

(2)通过转台依次输入各挡速率：$\pm 1°/s$, $\pm 3°/s$, $\pm 5°/s$, $\pm 10°/s$, $\pm 20°/s$ 和 $\pm 30°/s$,使转台旋转一周,同时采集各通道的输出,然后采用最小二乘法进行系数分离,进而得到安装误差、标度因数以及其非线性误差。

(3)速率标定按照 Z 轴、Y 轴和 X 轴依次进行。

速率标定的测试位置见表 3-3。

表 3-3　速率标定测试位置

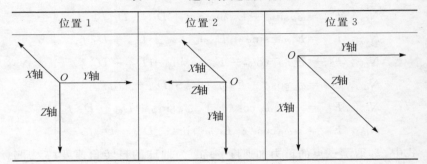

3.4　惯导系统传统标定方法的缺点

惯导系统传统的转台标定测试原理简单,测试数据经过简单的计算即可分离出误差系数,但它存在以下几个明显的缺点。

(1)测试条件要求高。由于惯导系统是高精度的敏感测量部件,其标定测试是在室内进行。测试时需要借助专用的高精度转台和隔离地基,在较为恒定的温度、湿度、通风、压力等环境条件下进行,以尽可能地减少环境条件对测试的影响。测试中要利用测试点的重力加速度和地速等标准参考信息,通过多位置翻滚进行误差系数分离,因此需要比较理想的测试厂房、高精度的测试点地理信息、北向基准和准确的位置信息。

（2）标定测试时间长，极大地增加了惯导使用准备时间。

（3）需要频繁测试，易损耗惯导系统的使用寿命。

（4）惯导系统的使用精度低。惯性仪器的测试具有单次通电和逐次通电特性之分。一般认为，其单次通电特性精度要高于逐次通电特性精度的 3～5 倍。而目前采用的装定补偿的方案，使用的是逐次通电特性，因而不可避免地影响了惯导系统的使用精度。

第4章 惯导系统自对准技术

4.1 惯导系统初始对准概述

惯性导航系统在正式工作之前必须对系统进行初始校准,以便使惯性导航系统所描述的坐标系与导航坐标系相重合,使导航计算机正式工作时有正确的初始条件,如给定初始速度、初始位置等,这些工作统称为初始对准。在初始对准的研究工作中,往往由于初始位置准确已知、初始速度为零(载体的小位移扰动,如振动、阵风、负载变化等另行考虑),使初始对准工作简化,所以初始对准的主要任务就是研究如何使平台坐标系(含捷联惯导的数学平台)按导航坐标系定向,为加速度计提供一个高精度的测量基准,并为载体运动提供精确的姿态信息。

初始对准要满足对准精度和所需要的对准时间两个技术指标要求,很明显它们是相互矛盾的,因此,需要一个折中的指标。

初始对准的方法也因使用条件和要求的不同而异。根据所提供的参考基准形式不同,一般初始对准方法可分为两类:一是利用外部提供的参考信息进行对准;二是所谓的自对准技术。本节将重点讲述自对准技术。在对准过程中,一般先进行粗调水平和方位而后进行精调水平和方位。在精调之前,陀螺漂移应得到补偿。在精调水平和方位之后,系统方可转入正常工作。本章主要以平台式惯导系统为例加以说明,导航坐标系选定地理坐标系。

光学的自动准直技术可以利用外部提供的参考信息进行对准。其方法是在惯导平台上附加光学多面体,使光学反射面与被调整的轴线垂直,这样可以通过自动准直光管的观测,发现偏差角,人为地给相应轴陀螺加矩,使平台转到给定方位,或者也可以借光电自动准直光管的观测,自动地给相应轴的陀螺加矩,使平台转到给定位置,实现平台初始对准的自动化。自动准直光管的方位基准是通过大地测量事先确定好的。平台的水平对准如果借助光学办法实现,光学对准的水平基准是水银池。光学对准可以达到角秒级的精度,但对准所需时间要长。

全球定位系统(GPS)可以实时提供当地的经纬度等参数,因此是初始对准的极好的外部基准,在使用条件允许的时候可以应用。

自对准技术是一种自主式对准技术,它是通过惯导系统自身功能来实现的。

地球上的重力加速度矢量和地球自转角速度矢量是两个特殊的矢量,它们相对地球的方位是一定的,自对准的基本原理是基于加速度计输入轴和陀螺敏感轴与这些矢量的特殊关系来实现的。比如,半解析式惯性导航系统,在理想情况下,它的东向和北向加速度计就不敏感当地重力加速度 g,此时可认为平台位于当地水平面内,而东向陀螺则不敏感地球自转角速度分量,在满足上述两种约束的条件下,则可说平台坐标系和地理坐标系重合。由于自对准过程可以自主式完成,具有灵活、方便的特点,在计算机参与控制的条件下,可以达到很高的精度,因此它在军事上得到了广泛的应用。同时,把在方位对准过程中,东向陀螺不敏感地球自转角速度分量的现象称为陀螺罗经效应。

4.1.1　初始对准的类别

1. 按对准的阶段来分

惯导系统的初始对准一般分为两个阶段:第一阶段为粗对准,对平台进行水平与方位粗调,要求尽快地将平台对准在一定的精度范围内,为后续的对准提供基础,所以要求速度快,精度可以低一些。第二阶段为精对准,是在粗对准的基础上进行的,要求在保证对准精度的前提下速度尽量快。

2.按对准的轴系来分

取地理坐标系为导航坐标系的情况下,初始对准可分为水平对准和方位对准。在平台式惯导系统中,物理平台通常先进行水平对准,然后同时进行平台的水平和方位对准。捷联式惯导系统中的数学平台,一般情况下水平对准与方位对准是同时进行的。

3.按基座的运动状态来分

按照安装惯导系统所在基座(室内的测试台或运载体)的运动状态可分为静基座和动基座对准。动基座对准通常是在运载体运动状态下进行的。

4.按对准时对外部信息的需求来分

惯导系统只依靠重力矢量和地球速率矢量通过解析方法实现的初始对准称为自主式对准,此时不需要其他外部信息,自主性强,但精度受限于惯性器件的精度。非自主对准可通过机电光学方法将外部参考坐标系引入系统,使平台对准导航坐标系。对于飞机、舰船、地面车辆等运载体,在共捷联式惯导系统的粗对准阶段,可引入主惯导系统的航向姿态信息,迅速将数学平台对准导航坐标系,减小初始失准角。在精对准阶段,可采用受控对准方法,利用其他导航设备(如 GPS、里程计、多普勒雷达等)提供的信息(如位置和速度等)作为观测信息,通过卡尔曼滤波实现精确对准。

4.1.2 初始对准的要求

惯导系统不论是用于运载体导航和武器弹药中的制导,还是用于观通系统与火控系统的航向姿态基准,均要求初始对准保证必要的准确性与快速性。用于舰船与飞机的惯导系统,对准时间可略长些,如装备民航飞机用的惯导系统的对准时间容许范围为 $15 \sim 20$ min。平台式惯导系统的水平对准精度达到 $10''$ 以内,方位对准精度达 $2' \sim 5'$ 以内。用于舰炮武器系统的捷联式航姿系统,基于对其快速反应的要求,静基座对准时间要求在 10 min 左右,动基座对准时间要求在 20 min 左右。

为了达到初始对准精而快的要求,陀螺仪与加速度计必须具有足够高的精度和稳定性,系统的鲁棒性要好,对外界的干扰不敏感。

4.1.3　初始对准的发展

由于初始对准技术的难度较大,而且随着现代战争要求快速反应的发展,对其精度与快速性的要求愈来愈高。对准技术的研究已成为国际上惯性技术领域内的研究重点。近年来,国内外有关学者对初始对准问题的研究多数集中在自适应卡尔曼滤波器的各种算法和其他滤波算法上,一般在动基座对准中应用比较多。然而滤波算法的改进对静基座初始对准的精度和速度的提高并不显著。

4.2　平台惯导系统的初始对准

4.2.1　概述

为了确定载体的速度和位置,惯导系统在进入导航状态之前,必须引入积分的初始条件,即确定载体的初始速度和位置,同时还必须对陀螺稳定平台进行姿态校准,完成上述工作是惯导系统初始对准的基本任务。对于在静止基座上发射的弹道式导弹来说,其导航的初始条件是相对地球坐标系的初始速度初始位移为零,初始位置是当地的经纬度,这些条件是已知的。在导弹发射前,将其引入导航计算机中便可。但平台的初始姿态校准则是一个比较复杂的过程,它构成了导弹发射前惯导系统初始对准的主要内容,因此对弹道式导弹来说,惯导系统的初始对准问题可归结为陀螺稳定平台系统的初始对准问题。

陀螺稳定平台的台体是弹上加速度计的测量基准,因此在导弹发射前,必须对平台进行初始对准,即以某种方法使平台的台体坐标系与某一选定的基准坐标系相重合(即物理对准),或确定出两个坐标系之间的失准角(即解析对准)。平台初始对准的精度直接影响导弹的落点偏差,初始对准时间的长短直接影响导弹发射的准备时间。所以提高平台的初始对准精度,减小初始对准时间,便构成了导弹惯性制导系统的关键技术之一。

1. 对准的实质

对于弹道式导弹来说,平台初始对准的实质就是在导弹发射之前,使弹体坐标系(见图 4.1)、平台坐标系通过适当的方法与发射坐标系(见图 4.2)相对准。各坐标系的对准过程包括以下步骤:

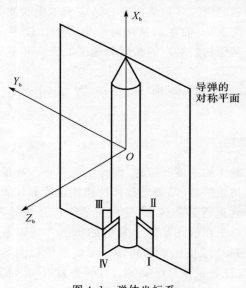

图 4.1　弹体坐标系

(1)导弹垂直度的调整。

(2)导弹方位的调整。

(3)陀螺稳定平台的调平。

(4)陀螺稳定平台的方位瞄准和方位锁定。

导弹垂直度的调整是指在发射台上将导弹纵轴调整到与当地垂线一致。导弹方位调整的目的是使导弹的对称平面与射击平面相重合,为此需使导弹绕其纵轴转动一定的角度。这种转动是由发射台的转动机构来完成的。平台姿态的调整包括方位瞄准和调平两个步骤,其目的是使台体坐标系与发射坐标系相重合,或测出台体坐标系相对发射坐标系的失调角,用以作为惯导系统工作的初始条件。

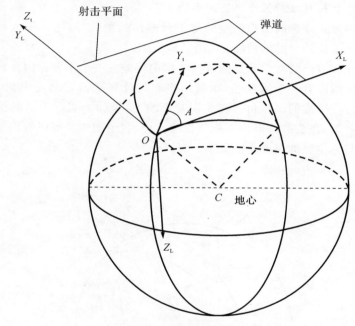

图 4.2　发射坐标系

　　由上述对准过程可以看出,平台的对准是在弹体对准的基础上进行的。这个过程可分为粗对准和精对准两个步骤。导弹方位瞄准中,使弹体和平台一起绕导弹纵轴转动,便是粗对准过程。此时平台坐标系不一定能准确对准发射坐标系,然而导弹的对称平面却可以对准射击平面。在粗对准的基础上再控制平台使之对准射击平面,这就是方位精对准的过程。导弹的垂直度调整是粗调过程,这时弹体纵轴可以精确调到垂直状态,而台体平面不一定在水平面内。在此基础上,利用调平回路做进一步调平的过程,就是精调平。粗对准就是从任意初始位置下开始的,通常以快速方法来实现,以便为精对准创造条件。精对准则是在粗对准的基础上,对平台做进一步的姿态调整,使平台台体坐标系与发射坐标系完全重合。

2. 初始对准对落点偏差的影响

弹道式导弹的命中精度除受平台漂移的影响外,还在很大程度上取决于初始对准的精度。

导弹方位瞄准误差是造成弹头横向偏差的一个主要原因。设导弹方位瞄准有一常值误差,则射击平面与计算平面之间的夹角 ΔA 即为方位瞄准的误差角。在此误差影响下,导弹的实际弹道将偏离计算弹道,弹头的落点将不能与目标重合,利用图 4.3 可以看出落点偏差与方位瞄准误差角的关系。

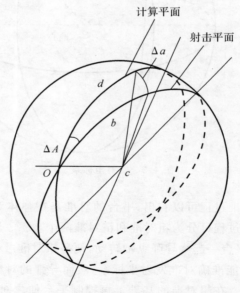

图 4.3　方位瞄准误差 ΔA 与落点偏差 $\Delta \alpha$ 的关系

当导弹射程等于地球半径的 $\frac{\pi}{2}$ 或 $\frac{3\pi}{2}$ 倍时，即直线射程为 10 000 km 或 30 000 km 时，导弹的落点偏差有最大值。计算表明，当 $\Delta A = 1'$ 时，导弹的横向落点偏差约为 2 km，而纵向偏差只有 200 m。当射程等于地球半径的 π 或 2π 倍时，无论方位误差有多大，导弹的落点偏差均为零。

按假设的平台取向，调平的目标要使 $OX_P Y_P$ 与水平面重合。调平误差可分为绕 OX_P 轴的调平误差和绕 OY_P 轴的调平误差。绕 OX_P 轴的调平误差主要影响导弹的射程偏差，而绕 OY_P 轴的调平误差主要影响导弹的横向偏差。计算表明，对于射程为 10 000 km 的远程弹道式导弹而言，绕 OX_P 轴的 0.5′ 调平误差可引起的射程偏差为 684 m，而横向偏差为 59 m；绕 OY_P 轴的 0.5′ 调平误差可引起的横向偏差为 460 m，而纵向偏差为 30 m。由此可以得出结论，平台初始对准误差同平台的误差一样，是影响制导系统精度的主要误差源。

对准时间是制导系统的另一个主要特征。对弹道式导弹来说，减少对准时间是缩短发射准备时间的重要一环。因此，提高对准精度，减少对准时间，是研究惯导系统对准技术的核心问题。

对于应用在远程弹道式导弹或运载火箭的平台而言，一般采用两种对准方式：

（1）组合式对准。陀螺稳定平台借助于外部信息进行方位对准，利用平台本身的调平回路进行自动调平，称为组合式对准。

（2）自主式对准。陀螺稳定平台依靠其本身的敏感元件，测量平台坐标系与发射坐标系之间的失调角，并且自动地进行对准，称为自主式对准。

4.2.2 陀螺稳定平台的自对准原理

为了确定三轴正交坐标系在空间的取向，需要引入两个非共线的矢量基准。导弹在自主式对准条件下，一般采用地理坐标系或发射坐标系作为基准坐标系,因此重力矢量 g_0 和地球自转角速度矢量 $\boldsymbol{\Omega}$(或用 $\boldsymbol{\omega}_{ie}$ 表示)就被选为水平基准和方位基准。值得注意的是,当在高纬度地区进行初始对准时,因重力矢量和地球自转角速度矢量的夹角随纬度的增高而减小,从而使二矢量非共线的原则受到破坏,因此若再以 g_0 和 $\boldsymbol{\Omega}$ 作为基准就不能取得理想效果,需采用其他方法。

自对准在应用上有两种实施方案。一种是直接驱动平台,进行物理对准;另一种是确定出陀螺稳定平台各轴与地理坐标系各轴的失调角,完成解析对准。

4.2.2.1 平台的误差方程及误差模型方块图

平台的误差方程体现了平台坐标系与基准坐标系之间的失调关系,它是研究自主对准的数学基础。下面首先从平台的误差方程入手来讨论自主对准问题。

在自主对准方法中,因基准坐标系的不同,可分为指北方位平台对准和全方位平台对准两种。指北方位平台对准是以地理坐标系为基准坐标系。全方位平台对准是以导弹的发射坐标系为基准,它随射击目标位置的不同而改变指向,其与地理坐标系只相差一个方位角。因此,全方位平台对准与指北方位平台对准在基本原理上是相似的。

按东北天地理坐标系(参阅 1.4.8 节),且设平台台体坐标系与地理坐标系的初始关系,如图 4.4 所示。由于地速 $\boldsymbol{\Omega}$、平台漂移以及其他因素的影响,平台台体坐标系相对地理坐标系将产生视漂移,二者之间的失调角分别用 ϕ_x、ϕ_y 和 ϕ_z 表示。在出现角 ϕ_x、ϕ_y 和 ϕ_z 后,平台台体坐标系与地理坐标系的相对位置如图 4.5 所示。

由地理坐标系向平台台体坐标系转换的坐标转换阵(在失调角为小角度时)为

$$T_p^t = \begin{bmatrix} 1 & \phi_z & -\phi_y \\ -\phi_z & 1 & \phi_x \\ \phi_y & -\phi_x & 1 \end{bmatrix} \tag{4.1}$$

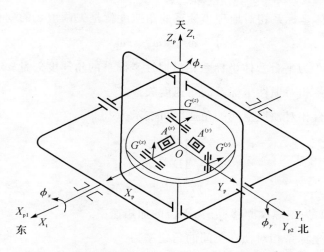

图 4.4　平台台体坐标系相对地理坐标系的初始位置

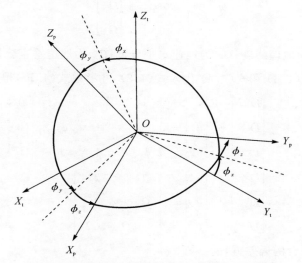

图 4.5　平台台体坐标系相对地理坐标系的漂移

平台台体坐标系相对地理坐标系的角速度就是失调角 ϕ 的变化率：

$$\dot{\boldsymbol{\phi}} = \boldsymbol{\omega}^{pt} = \boldsymbol{\omega}^{pi} - \boldsymbol{\omega}^{ti} \tag{4.2}$$

式中，$\boldsymbol{\omega}^{pi}$ 为平台台体坐标系相对惯性坐标系的角速度矢量；$\boldsymbol{\omega}^{ti}$ 为地理坐标系相对惯性坐标系的角速度矢量。

平台相对惯性空间的角速度可表示为

$$\boldsymbol{\omega}^{pi} = \begin{bmatrix} D^{(x)} \\ D^{(y)} \\ D^{(z)} \end{bmatrix} + \begin{bmatrix} \mu_x \\ \mu_y \\ \mu_z \end{bmatrix} \tag{4.3}$$

式中，D^i 为陀螺仪漂移；μ_i 为平台的加矩速率。

而地理坐标系相对惯性空间的角速率为

$$\boldsymbol{\omega}^{ti} = \begin{bmatrix} 0 \\ \Omega\cos\varphi \\ \Omega\sin\varphi \end{bmatrix} = \begin{bmatrix} 0 \\ \Omega_{\mathrm{N}} \\ \Omega_{\mathrm{A}} \end{bmatrix} \text{①} \tag{4.4}$$

式中，φ 为地理纬度；Ω_{N} 为地速水平分量；Ω_{A} 为地速垂直分量。

将式（4.3）和式（4.4）代入式（4.2），并考虑式（4.1），得

$$\begin{bmatrix} \dot{\phi}_x \\ \dot{\phi}_y \\ \dot{\phi}_z \end{bmatrix} = \begin{bmatrix} D^{(x)} \\ D^{(y)} \\ D^{(z)} \end{bmatrix} + \begin{bmatrix} u_x \\ u_y \\ u_z \end{bmatrix} - \begin{bmatrix} 1 & \phi_z & -\phi_y \\ -\phi_z & 1 & \phi_x \\ \phi_y & -\phi_x & 1 \end{bmatrix} \begin{bmatrix} 0 \\ \Omega_{\mathrm{N}} \\ \Omega_{\mathrm{A}} \end{bmatrix} =$$

$$\begin{bmatrix} D^{(x)} \\ D^{(y)} \\ D^{(z)} \end{bmatrix} + \begin{bmatrix} u_x \\ u_y \\ u_z \end{bmatrix} - \begin{bmatrix} \phi_z\Omega_{\mathrm{N}} - \phi_y\Omega_{\mathrm{A}} \\ \Omega_{\mathrm{N}} + \phi_x\Omega_{\mathrm{A}} \\ -\phi_x\Omega_{\mathrm{N}} + \Omega_{\mathrm{A}} \end{bmatrix} \tag{4.5}$$

这就是平台的误差方程。

---

① 注：在本书中用 ω_{ie} 和 Ω 都可以表示地球自转角速度，用 ω_{ie} 可以体现坐标系之间的关系，用 Ω 表示形式简单，便于在公式中使用。

为完成自主式初始对准,除平台的误差方程外,还需要加速度计的信息,为敏感平台在水平面内的失调角,可利用水平面内的两个加速度计(东向加速度计和北向加速度计)的信息。为此,列写两个加速度计的输出方程如下:

$$\left.\begin{array}{l} f^{(x)} = -\phi_y g + \nabla^{(x)} \\ f^{(y)} = \phi_x g + \nabla^{(y)} \end{array}\right\} \tag{4.6}$$

式中,g 为地球的重力加速度;$\nabla^{(x)}$、$\nabla^{(y)}$ 分别为东向加速度计和北向加速度计的零位误差。

平台的误差方程(4.5)和加速度计的误差方程(4.6)共同构成了指北方位惯导系统的初始对准误差方程:

$$\left.\begin{array}{l} \dot{\phi}_x = D^{(x)} + u_x + \phi_y \Omega_A - \phi_z \Omega_N \\ \dot{\phi}_y = D^{(y)} + u_y + \phi_x \Omega_A - \Omega_N \\ \dot{\phi}_z = D^{(z)} + u_z + \varphi_x \Omega_N - \phi_z \Omega_A \\ f^{(x)} = -\phi_y g + \nabla^{(x)} \\ f^{(y)} = \phi_x g + \nabla^{(y)} \end{array}\right\} \tag{4.7}$$

对式(4.7)进行拉普拉斯变换,得

$$\left.\begin{array}{l} \phi_x(s) = \dfrac{1}{s}\left[D^{(x)}(s) + u_x(s) + \phi_y(s)\Omega_A - \phi_z(s)\Omega_N + \phi_{x_0}\right] \\[2mm] \dot{\phi}_y(s) = \dfrac{1}{s}\left[D^{(y)}(s) + u_y(s) + \phi_x(s)\Omega_A - \Omega_N + \phi_{y_0}\right] \\[2mm] \dot{\phi}_z(s) = \dfrac{1}{s}\left[D^{(z)}(s) + u_z(s) + \phi_x(s)\Omega_N - \Omega_A + \phi_{z_0}\right] \\[2mm] f^{(x)}(s) = -\phi_y(s)g + \nabla^{(x)} \\ f^{(y)}(s) = \phi_x(s)g + \nabla^{(y)} \end{array}\right\}$$

$$\tag{4.8}$$

由式(4.8)可得如图 4.6 所示的系统误差方块图。

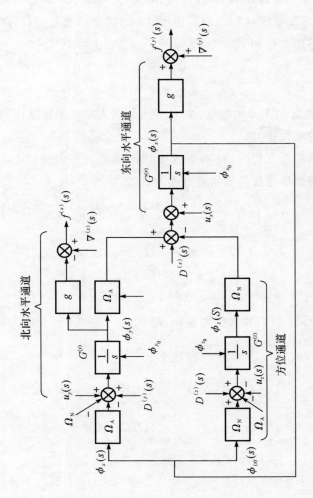

图4.6 指北方位平台误差方块图

4.2.2.2 陀螺罗经回路

如果补偿掉地速分量 Ω_N 和 Ω_A 的影响,且对平台不施加任何控制作用,则所得误差方块图所描述的是一个"自由"平台的特性。图 4.6 是一个三轴耦合系统,由两个互相耦合的回路构成,每一回路都是一个低频二阶振荡系统,其固有频率为 Ω_A 或 Ω_N。其中一条回路是由两个水平通道,即东向水平通道和北向水平通道,通过地速分量 Ω_A 耦合而成,该回路因其中一个通道的陀螺仪漂移会影响另外一个通道的失准角,所以无调平功能。另一条回路是由东向水平通道和方位通道经地速分量 Ω_N 耦合而成,因其有自动寻北功能,所以称陀螺罗经回路,其方块图如图 4.7 所示。

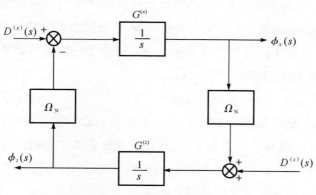

图 4.7 陀螺罗经回路

由图 4.7 可见,当平台受陀螺仪漂移 $D^{(z)}(s)$ 的影响而绕方位轴 OZ_p 出现失调角 ϕ_z 时,通过 Ω_N 的耦合,在指东向的 OX_p 轴上感受到速度分量 $\Omega_N\phi_z$,它为 $G^{(x)}$ 陀螺仪所感受,使平台绕东向轴产生失调角 ϕ_x,与此同时,此角又与 Ω_N 相耦合,而在方位轴上产生角速度分量 $-\Omega_N\phi_x$,它为 $G^{(z)}$ 陀螺仪所感受,并驱动平台向反方向转动,直到消除 ϕ_z 为止,可见该回路具有自动寻北的功能。但是由于该回路是

二阶无阻尼振荡环节,即

$$\frac{\phi_z(s)}{D^{(z)}(s)} = \frac{s}{s^2 + \Omega_N^2}$$

所以,在陀螺仪漂移作用下,ϕ_z 角相对真北方向缓慢摆动,其振荡周期

$$T = \frac{2\pi}{\Omega_N}$$

其中摆幅与漂移量的微分 $D^{(z)}$ 成正比。在中纬度地区,振荡周期 T 约为32.7 h,显然,这种陀螺罗经的性能是不能满足使用要求的。

综上所述,这种"自由"平台既无调平功能,又难以满足方位对准要求。为改善系统性能,必须对这种"自由"平台系统施加控制作用,即向三个通道引入放大和校正环节,根据所引入的控制规律的不同,可以得到不同的自对准系统。通常可分为一阶自对准系统和二阶自对准系统,下面将分别予以讨论。

4.2.2.3　一阶自对准系统

分析表明,如果将东向加速度计 $A^{(x)}$ 的输出作为校正信号,加到北向陀螺仪 $G^{(y)}$ 的力矩器中,则可组成北向调平回路。这是因为在 $A^{(x)}$ 中含有 ϕ_y 的信息。同理,北向加速度计 $A^{(y)}$ 的输出信号经过校正,加到东向陀螺仪 $G^{(x)}$ 的力矩器中,便可组成东向调平回路。当平台出现方位失调角 ϕ_z 时,通过地球自转角速度的水平分量 Ω_N 的耦合,沿东向轴便产生角速度分量 $\Omega_N \phi_z$,它使平台绕东向轴偏转,产生失调角 ϕ_x,该失调角同样可被北向加速度计 $A^{(y)}$ 所敏感,所以如果将含有 ϕ_z 信息的北向加速度计 $A^{(y)}$ 的输出信号经过校正,加到方位陀螺 $G^{(z)}$ 的力矩器中,则可组成更加完善的方位对准回路—— 一种受加速度计 $A^{(y)}$ 控制的陀螺罗经回路。之所以能利用北向加速度计的输出信号实现方位对准,关键在于地球自转角速度的水平分量

$\Omega_N = \Omega\cos\varphi$ 通过方位误差角 ϕ_z 的耦合,使平台绕东向轴发生偏转,这和陀螺罗经在偏离了真北方向后,受 $\phi_z\Omega\cos\varphi$ 影响而自动寻北的道理一样。所不同的是,在平台中是利用北向加速度计的输出信号作为修正信号,而在陀螺罗经中,则是利用偏心力矩作为修正信号。所以,一般把耦合到东向轴的这一角速度分量 $\phi_z\Omega\cos\varphi$ 称为"陀螺罗经效应",而利用这种效应进行方位对准的方法称为"陀螺罗经法"。在地球的极区附近,由于 Ω_N 值很小,陀螺罗经效应十分微弱,致使陀螺罗经法不能使用。

如果向平台的 3 个通道只引入简单的比例控制规律:

$$\left.\begin{aligned} u_x &= -K_x f^{(y)} \\ u_y &= K_y f^{(x)} \\ u_z &= K_z f^{(y)} \end{aligned}\right\} \tag{4.9}$$

则由图 4.6 可得一阶自对准系统的误差方块图(见图 4.8)。

下面的分析将指出一阶自对准系统具有一阶惯性环节的时域特性和频率特性。这种系统已具有自动寻北的功能。在寻北过程中完全消除了无阻尼的振荡状态,因此这种系统已能满足实践要求。下面将详细分析这种系统的静态和动态特性,并讨论系统解耦后,北向调平回路、陀螺罗经回路的基本特性。

将式(4.9)带入式(4.8),整理可得

$$\begin{bmatrix} K_x g + s & -\Omega_A & \Omega_N \\ \Omega_A & K_y g + s & 0 \\ -(K_z g + \Omega_N) & 0 & s \end{bmatrix} \begin{bmatrix} \phi_x(s) \\ \phi_y(s) \\ \phi_z(s) \end{bmatrix} =$$

$$\begin{bmatrix} D^{(x)}(s) + \phi_{x_0} - K_x \nabla^{(y)} \\ D^{(y)}(s) + \phi_{y_0} + K_y \nabla^{(x)} \\ D^{(z)}(s) + \phi_{z_0} + K_z \nabla^{(y)} \end{bmatrix} \tag{4.10}$$

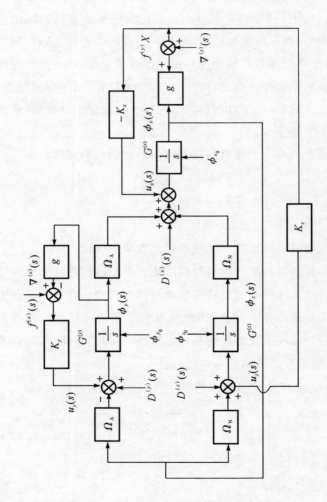

图4.8 平台一阶自对准系统的误差方块图

由此可解出

$$\begin{bmatrix} \phi_x(s) \\ \phi_y(s) \\ \phi_z(s) \end{bmatrix} =$$

$$\frac{\begin{bmatrix} (K_xg+s)s & \Omega_A s & -(K_yg+s)\Omega_N \\ -\Omega_A S & (K_xg+s)s+(K_zg+\Omega_N)\Omega_N & \Omega_N\Omega_A \\ (K_yg+s)(K_zg+\Omega_N) & (K_zg+\Omega_N)\Omega_A & (K_zg+s)(K_yg+s)+\Omega_A^2 \end{bmatrix}}{\Delta(S)} \times$$

$$\frac{\begin{bmatrix} D^{(x)}(s)+\phi_{x_z}-K_x \nabla^{(y)}(s) \\ D^{(y)}(s)+\phi_{y_z}-K_y \nabla^{(x)}(s) \\ D^{(z)}(s)+\phi_{z_z}-K_z \nabla^{(y)}(s) \end{bmatrix}}{\Delta(s)} \tag{4.11}$$

其中

$$\Delta(s)=s^3+(K_xg+K_yg)s^2+(K_xK_yg^2+K_zg\Omega_N+\Omega_A^2+\Omega_N^2)s+$$

$$(K_yK_zg^2\Omega_N+K_yg\Omega_N^2) \tag{4.12}$$

设系统的特征方程式为

$$\Delta(s)=\left(s+\frac{1}{T}\right)^3 \tag{4.13}$$

式中，T 为系统的特征周期。比较式(4.12)和式(4.13)可得

$$\left.\begin{aligned} K_xg+K_yg &= \frac{3}{T} \\ K_xK_yg^2+K_zg\Omega_N &= \frac{3}{T^2}-\Omega_N^2-\Omega_A^2 \\ K_zg\Omega_N(K_zg+\Omega_N) &= \frac{1}{T^3} \end{aligned}\right\} \tag{4.14}$$

实际应用中希望取得 $T \ll \dfrac{1}{\Omega}$，即在远小于 24 h 的一段时间内实现初始对准，所以在求解控制回路比例系数时，可略去 Ω_N^2 和 Ω_A^2 的影

响,由此可得

$$\left.\begin{aligned} K_x g &= \frac{2}{T} \\ K_y g &= \frac{1}{T} \\ K_z g &= \frac{1}{T^2 \Omega_N} \end{aligned}\right\} \tag{4.15}$$

将式(4.15)代入式(4.11),可得各姿态角的传递函数为

$$\begin{aligned} \phi_x(s) = &\left\{ \left(s + \frac{1}{T}\right) s \left[D^{(x)}(S) + \phi_{x_0} - \frac{2}{T} \frac{\nabla^{(y)}(s)}{g} \right] + \right. \\ &\Omega_A s \left[D^{(y)}(s) + \phi_{y_0} + \frac{1}{T} \frac{\nabla^{(x)}(s)}{g} \right] - \left(s + \frac{1}{T}\right) \times \\ &\left. \Omega_N \left[D^{(z)}(s) + \phi_{z_0} + \frac{1}{T^2 \Omega_N} \frac{\nabla^{(y)}(s)}{g} \right] \right\} \frac{1}{\Delta(s)} \end{aligned} \tag{4.16}$$

$$\begin{aligned} \phi_y(s) = &\left\{ -\Omega_A s \left[D^{(x)}(s) + \phi_{x_0} - \frac{2}{T} \frac{\nabla^{(y)}(s)}{g} \right] + \right. \\ &\left[\left(s + \frac{2}{T}\right) s + \frac{1}{T^2} + \Omega_N^2 \right] \times \\ &\left[D^{(y)}(s) + \phi_{y_0} + \frac{1}{T} \frac{\nabla^{(x)}(s)}{g} \right] + \\ &\left. \Omega_N \Omega_A \left[D^{(z)}(s) + \phi_{z_0} + \frac{1}{T^2 \Omega_N} \frac{\nabla^{(y)}(s)}{g} \right] \right\} \frac{1}{\Delta(s)} \end{aligned}$$
$$\tag{4.17}$$

$$\begin{aligned} \phi_z(s) = &\left\{ \left(s + \frac{1}{T}\right) \left(\frac{1}{T^2 \Omega_N} + \Omega_N\right) \left[D^{(x)}(s) + \phi_{x_0} - \frac{2}{T} \frac{\nabla^{(y)}(s)}{g} \right] + \right. \\ &\left(\frac{\Omega_A}{T^2 \Omega_N} + \Omega_N \Omega_A\right) \left[D^{(y)}(s) + \phi_{y_0} + \frac{1}{T} \frac{\nabla^{(x)}(s)}{g} \right] + \\ &\left[\left(s + \frac{2}{T}\right) \left(s + \frac{1}{T}\right) + \Omega_A^2 \right] \times \\ &\left. \left[D^{(z)}(s) + \phi_{z_0} + \frac{1}{T^2 \Omega_N} \frac{\nabla^{(y)}(s)}{g} \right] \right\} \frac{1}{\Delta(s)} \end{aligned} \tag{4.18}$$

而特征方程可表示为

$$\Delta(s) = \left(s + \frac{1}{T}\right)\left[s\left(s + \frac{2}{T}\right) + \Omega_N\left(\frac{1}{T^2\Omega_N} + \Omega_N\right)\right] + \Omega_A^2 s$$

$$\tag{4.19}$$

1. 系统的稳态特征

利用式(4.16)～式(4.19)可求出,当 $D^{(x)} = D^{(y)} = D^{(z)} =$ 常数,
$\nabla^{(x)} = \nabla^{(y)} =$ 常数时的稳态解为

$$\phi_x(0) = -\frac{\left[D^{(z)} + \frac{1}{T^2\Omega_N}\frac{\nabla^{(y)}}{g}\right]}{\left(\frac{1}{T^2\Omega_N} + \Omega_N\right)} \approx -\frac{D^{(z)}}{\frac{1}{T^2\Omega_N}} - \frac{\nabla^{(y)}}{g} \approx -\frac{\nabla^{(y)}}{g}$$

$$\tag{4.20}$$

$$\phi_y(0) = \frac{\left(\frac{1}{T^2} + \Omega_N^2\right)\left(D^{(y)} + \frac{\nabla^{(x)}}{Tg}\right) + \Omega_N\Omega_A\left(D^{(z)} + \frac{1}{T^2\Omega_N}\frac{\nabla^{(y)}}{g}\right)}{\frac{1}{T}\Omega_N\left(\frac{1}{T^2\Omega_N} + \Omega_N\right)} \approx$$

$$\frac{D^{(y)}}{\frac{1}{T}} + \frac{\nabla^{(x)}}{g} \approx \frac{\nabla^{(x)}}{g} \tag{4.21}$$

$$\phi_z(0) = \left\{\frac{1}{T}\left(\frac{1}{T^2\Omega_N} + \Omega_N\right)\left[D^{(x)} - \frac{2}{T}\frac{\nabla^{(y)}}{g}\right] + \left(\frac{\Omega_A}{T^2\Omega_N} + \Omega_N\Omega_A\right) \times\right.$$

$$\left.\left[D^{(y)} + \frac{\nabla^{(x)}}{Tg}\right] + \left(\frac{2}{T^2} + \Omega_A^2\right)\left(D^{(x)} + \frac{1}{T^2\Omega_N}\frac{\nabla^{(y)}}{g}\right)\right\} \times$$

$$\frac{1}{\frac{1}{T}\left(\frac{1}{T^2} + \Omega_A^2\right)} \approx \frac{D^{(x)}}{\Omega_N} - \frac{2}{T}\frac{\nabla^{(y)}}{g\Omega_N} + \frac{\Omega_A D^{(y)}}{\frac{\Omega_N}{T}} + \frac{\Omega_A}{g\Omega_N}\frac{\nabla^{(x)}}{g\Omega_N} +$$

$$\frac{2D^{(z)}}{\frac{1}{T}} + \frac{2}{Tg\Omega_N}\frac{\nabla^{(y)}}{Tg\Omega_N} \approx \frac{D^{(x)}}{\Omega_N} \tag{4.22}$$

由此可见,加速度计的零位偏差决定了调平精度,东向陀螺仪的漂移决定了方位对准精度。

2. 系统的滤波特性

晃动加速度 a 会进一步破坏自对准精度,因此自对准系统应对

晃动干扰有足够的抑制能力。表征自对准系统抗干扰能力的尺度就是 $\phi_x(s)$、$\phi_y(s)$、$\phi_z(s)$ 相对 $\bar{a}(s)$ 的各传递函数。因此下面将研究各传递函数的性能。

由于 $\bar{a}$ 和 $\nabla^{(x)}(s)$，$\nabla^{(y)}(s)$ 都作用在系统的同一输入点上，所以以 $\bar{a}$ 取代 ∇，便可得到各失调角 ϕ_x、ϕ_y 和 ϕ_z 相对 $\bar{a}$ 的传递函数。

(1) $\phi_x(s)$ 相对晃动加速度的传递函数。由式(4.16)经推导可得

1) 北向调平通道对东向调平的影响：

$$\frac{\phi_x(s)}{\left[\dfrac{\bar{a}_x(s)}{g}\right]} = \frac{T^2 \Omega_A s}{(Ts+1)^3} \tag{4.23}$$

2) 方位通道对东向调平的影响：

$$\frac{\phi_x(s)}{\left[\dfrac{\bar{a}_y(s)}{g}\right]} = \frac{1}{(Ts+1)^2} \tag{4.24}$$

3) 东向调平通道的特性：

$$\frac{\phi_x(s)}{\left[\dfrac{\bar{a}_y(s)}{g}\right]} = \frac{2Ts}{(Ts+1)^2} \tag{4.25}$$

(2) $\phi_y(s)$ 相对晃动加速度的传递函数。由式(4.17)得

1) 东向调平通道对北向调平的影响：

$$\frac{\phi_y(s)}{\left[\dfrac{\bar{a}_y(s)}{g}\right]} = \frac{T^2 \Omega_A s}{(Ts+1)^3} \tag{4.26}$$

2) 方位通道对北向调平的影响：

$$\frac{\phi_y(s)}{\left[\dfrac{\bar{a}_y(s)}{g}\right]} = \frac{T \Omega_A}{(Ts+1)^3} \tag{4.27}$$

3) 北向调平通道的特性：

$$\frac{\phi_y(s)}{\left[\dfrac{\bar{a}_x(s)}{g}\right]} = \frac{1}{Ts+1} \tag{4.28}$$

（3）$\phi_z(s)$ 相对晃动加速度的传递函数。

1）北向调平通道对方位通道的影响：

$$\frac{\phi_z(s)}{\left[\dfrac{a_x(s)}{g}\right]} = \frac{\Omega_A/\Omega_N}{(Ts+1)s} \qquad (4.29)$$

2）东向调平通道对方位通道的影响：

$$\frac{\phi_z(s)}{\left[\dfrac{a_y(s)}{g}\right]} = -\frac{2}{T\Omega_N(Ts+1)^2} \qquad (4.30)$$

3）方位通道的特性：

$$\frac{\phi_z(s)}{\left[\dfrac{a_y(s)}{g}\right]} = \frac{(Ts+2)}{T\Omega_N(Ts+1)^2} \qquad (4.31)$$

如图 4.9 所示为根据以上各传递函数所作出的频率特性。

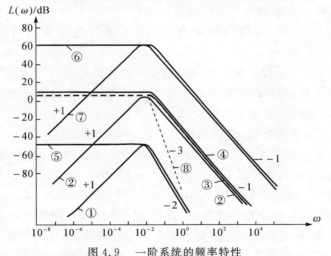

图 4.9 一阶系统的频率特性

①—a_x 对 ϕ_x 的频率特性； ②—a_y 对 ϕ_x 的频率特性（未受方位通道影响时）；

③—a_y 对 ϕ_x 的频率特性（受方位通道影响时）； ④—a_x 对 ϕ_y 的频率特性；

⑤—a_y 对 ϕ_y 的频率特性（含东向调平和方位通道对 ϕ_y 的影响）；

⑥—a_y 对 ϕ_z 的频率特性（无东向通道影响时）；

⑦—a_y 对 ϕ_z 的频率特性（有东向通道影响时）； ⑧—a_x 对 ϕ_z 的频率特性

由频率特性可以得到如下结论：

（1）关于东向调平通道。自对准系统为三轴耦合系统（见图4.9），北向调平系统、方位对准系统都对东向调平系统产生影响。$\phi_x(s)/[a_x(s)/g]$ 表明了北向调平回路对东向调平的影响，不过这种影响极其微弱。其频率特性如曲线 ① 所示。东向调平回路本身的频率特性，如曲线 ② 所示。频率特性在 $1/T$ 处有峰值，对高频和低频干扰都有一定的衰减作用，证明东向调平回路本身对晃动干扰有较好的抑制能力，但东向调平回路易受方位通道干扰的影响[见式(4.24)]，曲线 ③ 表明因受方位通道影响，低频特性变得平直，而高频特性的斜率不变。因此在调平过程中，最好切断方位通道，即令 $K_z=0$，如此可以减小晃动干扰对调平的影响。

（2）关于北向调平通道。北向调平通道的固有特性由式(4.28)所决定（见曲线④），其低频特性平直，高频特性以 $-1(-20\text{ dB/dec})$ 斜率下降。东向调平和方位通道对北向调平的影响，由式(4.26)和式(4.27)确定，其频率特性为曲线 ⑤，不过这种影响可以忽略不计。

（3）关于方位通道。方位通道本身的特性如曲线 ⑥ 所示，其低频部分平直，高频部分以 -1 斜率下降。但由于东向调平通道的影响，方位失调角的频率特性曲线低频部分由平直变为以 $+1$ 斜率上升，在 $1/T$ 处有峰值，总的特性有所改善（见特性曲线 ⑦）。方位通道也受北向调平通道的影响，其特性由式(4.29)确定，曲线 ⑧ 为其频率特性，在高频处以 $-3(-60\text{ dB/dec})$ 斜率下降，因而具有良好的滤波特性。

在上述各频率特性曲线中，方位通道北向和东向调平通道的特性最为典型，它代表了一阶对准系统的主要特性，其高频特性均以 -1 斜率下降（因而得名为一阶系统），对干扰的滤波作用不够强，这是本系统的缺点之一。

3.系统的时域特性

对准的目的是使平台系统在尽可能短的时间内，能把初始失准

角 ϕ_{x_0}、ϕ_{y_0}、ϕ_{z_0} 减小到由式(4.20)～式(4.22)所确定系统的稳态精度范围内。ϕ_x、ϕ_y 和 ϕ_z 相对 ϕ_{x_0}、ϕ_{y_0} 和 ϕ_{z_0} 的传递函数正是研究对准过程时域特性的根据。

(1) 东向调平失调角的过渡过程。由式(4.16)，得

$$\phi_x(s) = \frac{s}{\left(s+\dfrac{1}{T}\right)^2}\phi_{x_0} + \frac{\Omega_A s}{\left(s+\dfrac{1}{T}\right)^3}\phi_{y_0} - \frac{\Omega_N}{\left(s+\dfrac{1}{T}\right)^2}\phi_{z_0} \quad (4.32)$$

影响最大的分量为

$$\phi_x(s) = \frac{s}{\left(s+\dfrac{1}{T}\right)^2}\phi_{x_0}$$

其拉普拉斯反变换为

$$\phi_x(t) = \phi_{x_0}\left(1-\frac{t}{T}\right)e^{-t/T} \quad (4.33)$$

而由 ϕ_{y_0} 和 ϕ_{z_0} 引起的分量，因其初始值均乘以 Ω_N 或 Ω_A，所以可以忽略不计。

(2) 北向调平失调角的过渡过程。由式(4.17)，得

$$\phi_y(s) = \frac{-\Omega_A s}{\left(s+\dfrac{1}{T}\right)^3}\phi_{x_0} + \frac{\left[\left(s+\dfrac{2}{T}\right)s + \left(\dfrac{1}{T^2}+\Omega_N^2\right)\right]}{\left(s+\dfrac{1}{T}\right)^3}\phi_{y_0} +$$

$$\frac{\Omega_N\Omega_A}{\left(s+\dfrac{1}{T}\right)^3}\phi_{z_0}$$

第 1、3 分量可以忽略不计，现研究第 2 分量：

$$\phi_y(s) = \frac{\left[\left(s+\dfrac{2}{T}\right)s + \left(\dfrac{1}{T^2}+\Omega_N^2\right)\right]}{\left(s+\dfrac{1}{T}\right)^3}\phi_{y_0} \approx$$

$$\frac{s^2+\dfrac{2}{T}s+\dfrac{1}{T^2}}{\left(s+\dfrac{1}{T}\right)^3}\phi_{y_0} = \frac{1}{s+\dfrac{1}{T}}\phi_{y_0}$$

所以

$$\phi_y(t) = \phi_{y_0} e^{-t/T} \tag{4.34}$$

(3) 方位失调角的过渡过程。由式(4.18),得

$$\phi_z(s) = \frac{\frac{1}{T^2 \Omega_N} + \Omega_N}{\left(s + \frac{1}{T}\right)^2} \phi_{x_0} + \frac{\frac{\Omega_A}{T^2 \Omega_N} + \Omega_A \Omega_N}{\left(s + \frac{1}{T}\right)^3} \phi_{y_0} +$$

$$\frac{\left(s + \frac{1}{T}\right)\left(s + \frac{2}{T}\right) + \Omega_A^2}{\left(s + \frac{1}{T}\right)^3} \phi_{z_0}$$

其中由 ϕ_{x_0} 引起的分量为

$$\phi_z(s) = \frac{\frac{1}{T^2 \Omega_N} + \Omega_N}{\left(s + \frac{1}{T}\right)^2} \phi_{x_0}$$

其拉普拉斯反变换为

$$\phi_z(t) = \frac{t}{T^2 \Omega_N} e^{-t/T} \phi_{x_0} \tag{4.35}$$

由 ϕ_{y_0} 引起的分量为

$$\phi_z(s) = \frac{\frac{\Omega_A}{T^2 \Omega_N}}{\left(s + \frac{1}{T}\right)^3} \phi_{y_0}$$

其拉普拉斯反变换为

$$\phi_z(t) = \frac{1}{2} \frac{\Omega_A}{\Omega_N} \frac{t^2}{T^2} e^{-t/T} \phi_{y_0} \tag{4.36}$$

在以 ϕ_{z_0} 为初始条件时

$$\phi_z(s) = \frac{\left(s + \frac{2}{T}\right)}{\left(s + \frac{1}{T}\right)^2} \phi_{z_0}$$

相应的时域特性为

$$\phi_z(t) = \left(1 + \frac{t}{T}\right) e^{-t/T} \phi_{z_0} \qquad (4.37)$$

根据式（4.33）、式（4.34）和式（4.37），在图 4.10 上画出了 $\phi_x(t)$、$\phi_y(t)$、$\phi_z(t)$ 的过渡过程曲线。由图可知，东向水平失调角的过渡过程时间比较短（见曲线①），且基本上不受其他两个通道初始失调角的影响。因此可以说此系统具有较好的调平特性。北向调平通道的过渡过程时间比较长（见曲线②）。方位对准的过渡过程时间最长（见曲线③）。由式（4.35）可知，方位对准时间长是因受 ϕ_{x_0} 的影响，因此在进行方位对准之前，一定要先进行东向调平，使 ϕ_{x_0} 减小到几角分以内。

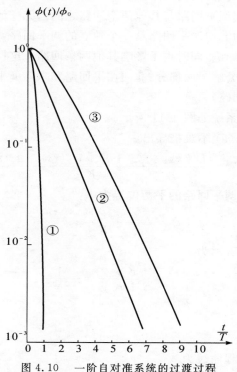

图 4.10　一阶自对准系统的过渡过程

①—$\phi_x(t)/\phi_{x_0}$ 曲线；　②—$\phi_y(t)/\phi_{y_0}$ 曲线；　③—$\phi_z(t)/\phi_{z_0}$ 曲线

4.一阶自对准系统的解耦

综上所述,可以看到平台自对准系统是一个三轴耦合系统,但系统是完全可控(通过 u_x、u_y、u_z)和完全可观测的($f^{(x)}$、$f^{(y)}$ 为观测量),因此自对准原理是可行的。但由于存在着耦合,各通道之间互相影响,使整个系统的自对准时间加长,并且也使抗干扰性能变差。如果系统能够解耦,则自对准问题要简单得多。事实上,在特征方程式(4.19)中的 Ω_A^2 和 Ω_N^2 是极小量,在中纬度地区为 25×10^{-10} rad/s 量级,而系统的增益 $K_x g$、$K_y g$、$K_z g$ 等远比 Ω_A^2 和 Ω_N^2 大得多,因此在分析系统性能时,可以忽略 Ω_A^2 和 Ω_N^2 的影响。当忽略了 Ω_A^2 和 Ω_N^2 后,特征方程中不再含有 Ω_A 项,这样,从对准误差方块图(见图 4.8)中可以看出,北向调平回路与其他两个回路之间已无任何联系了,也就是说,可以认为北向调平回路是一个独立的调平回路,其工作不受其他两条回路的影响,同时也不影响其他两条回路。这样,平台自对准系统便自然地分解为两部分:北向调平回路和东向调平-方位对准回路(又称罗经回路)。

解耦后的系统如图 4.11 所示。

由图 4.11(a) 不难推导出

$$\phi_y(s) = \frac{D^{(y)}(s) + \phi_{y0} + K_y[\nabla^{(x)}(s) + \bar{a}_x(s)]}{s + K_y g} \qquad (4.38)$$

由此得出北向调平回路的平衡位置为

$$\phi_y(0) = \frac{\nabla^{(x)}}{g} + \frac{D^{(y)}}{K_y g} \approx \frac{\nabla^{(x)}}{g}$$

其滤波特性可表示为

$$\frac{\phi_y(s)}{\left(\dfrac{\bar{a}_x}{g}\right)} = \frac{K_y g}{S + K_y g} = \frac{1}{TS + 1} \qquad (4.39a)$$

式中,$T = \dfrac{1}{K_y g}$。

其过渡过程曲线为

$$\phi_y(t) = \phi_{y_0} \mathrm{e}^{-t/T} \qquad (4.39b)$$

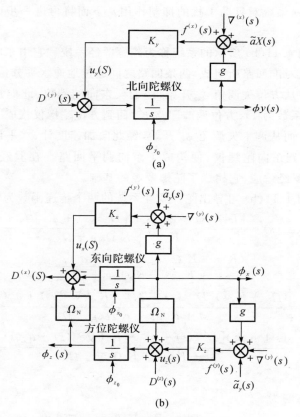

图 4.11　解耦后的自对准系统

（a）北向调平回路；　（b）东向调平-方位对准回路

式（4.39a）和式（4.39b）与式（4.28）和式（4.34）是一致的，这里由式（4.26）、式（4.27）所确定的东向和方位通道对北向调平的影响消除了。

采用如式（4.9）所示的简单控制规律，不能获得满意的静态和动态特性，因此实际上需引入必要的积分环节，以减小北向陀螺仪漂移 $D^{(y)}$ 对调平精度的影响［见式（4.38）］，并应引入必要的滤波网络,以加强系统对晃动干扰的抑制作用。下面将再进一步讨论一阶罗经系统。

如图 4.11(b) 所示的系统称为陀螺罗经系统。它由东向调平回路和方位对准回路所组成,两条回路之间通过地速水平分量 Ω_N 耦合在一起。从方位失调角 ϕ_z 开始,经 Ω_N、东向陀螺仪、北向加速度计(其比例系数为 1)、方位调节回路 K_z 回到方位陀螺仪构成了方位对准回路。而从调平失调角 ϕ_x 开始,经北向加速度计、水平调整回路 K_x,再回到东向陀螺仪,便构成了东向调平回路。在罗经回路中,$\phi_z\Omega_N$ 为罗经效应,它构成了陀螺罗经的基础。

由图 4.11(b) 可导出陀螺罗经系统的两个传递函数为

$$
\phi_x(s) = \frac{\left[D^{(x)}(s) + \phi_{x_0}\right]s + \left[D^{(z)}(s) + \phi_{z_0}\right]\Omega_N}{s^2 + K_x gs + K_z \Omega_N g + \Omega_N^2} -
$$
$$
\frac{(K_x s + K_z \Omega_N)\left[\nabla^{(y)}(s) + a_y(s)\right]}{s^2 + K_x gs + K_z \Omega_N g + \Omega_N^2} \tag{4.40}
$$

$$
\phi_z(s) = \frac{(\Omega_N + K_z g)\left[D^{(x)}(s) + \phi_{x_0} - K_x(\nabla^{(y)}(s) + a_y(s))\right]}{s^2 + K_x gs + K_z \Omega_N g + \Omega_N^2} +
$$
$$
\frac{(s + K_x g)\left[D^{(z)}(s) + \phi_{z_0} - K_z(\nabla^{(y)}(s) + a_y(s))\right]}{s^2 + K_x gs + K_z \Omega_N g + \Omega_N^2}
$$
$$
\tag{4.41}
$$

得到稳态解为

$$
\left.\begin{array}{l}
\phi_x(0) = \dfrac{D^{(z)} - K_z \nabla^{(y)}}{K_z g + \Omega_N} \approx -\dfrac{\nabla^{(y)}}{g} \\[4mm]
\phi_z(0) = \dfrac{D^{(x)}}{\Omega_N} + \dfrac{K_x}{K_z}\dfrac{D^{(z)}}{\Omega_N} \approx \dfrac{D^{(x)}}{\Omega_N}
\end{array}\right\} \tag{4.42}
$$

如设系统的动态特性 $\Delta(s) = \left(s + \dfrac{1}{T}\right)^2$,则

$$
\left.\begin{array}{l}
K_x g = \dfrac{2}{T} \\[4mm]
K_z g = \dfrac{1}{T^2 \Omega_N}
\end{array}\right\} \tag{4.43}
$$

如此,可得系统的滤波特性为

$$\frac{\phi_x(s)}{\dfrac{a_y(s)}{g}} = \frac{2Ts+1}{(Ts+1)^2} \tag{4.44}$$

式(4.44)与式(4.24)、式(4.25)之和相符,体现了方位通道对东向调平的影响。

方位对准回路的传递函数为

$$\frac{\phi_z(s)}{\dfrac{a_y(s)}{g}} = \frac{s}{\Omega_N(Ts+1)^2} \tag{4.45}$$

式(4.45)与式(4.30)、式(4.31)之和相符,体现了东向调平通道对方位对准的影响。ϕ_x 的过渡过程可由 $\phi_x(s) = \dfrac{s}{\left(s+\dfrac{1}{T}\right)^2}\phi_{x_0}$ 求得:

$$\phi_x(t) = \phi_{x_0}\left(1-\frac{t}{T}\right)e^{-t/T}\phi_{z_0} \tag{4.46}$$

在 $t=T$ 时,初始失调角便可减小到零,与图 4.10 上曲线 ① 相同。

ϕ_z 的过渡过程可由下式确定:

$$\phi_z(s) = \frac{\left(s+\dfrac{2}{T}\right)}{\left(s+\dfrac{1}{T}\right)^2}\phi_{z_0}$$

其时域特性为

$$\phi_z(t) = \left(1+\frac{t}{T}\right)e^{-t/T}\phi_{z_0} \tag{4.47}$$

式(4.47)与式(4.37)相同,但由于 ϕ_{x_0} 的影响,还存在另一传递函数:

$$\phi_z(s) = \frac{\dfrac{1}{T^2\Omega_N}}{\left(s+\dfrac{1}{T}\right)^2}\phi_{x_0}$$

而其拉普拉斯反变换为

$$\phi_z(t) = \frac{1}{T^2 \Omega_N} t e^{-t/T} \phi_{x_0} \tag{4.48}$$

式（4.48）与式（4.35）相同，由此说明 ϕ_{x_0} 对方位对准的影响是非常严重的，因此需要进行预调平，然后进行精方位对准。

根据以上分析，可得出以下结论：

（1）北向调平系统可以组成单独的调平回路，其特性不受其他两条回路的影响，因此可以独立进行设计。

（2）陀螺罗经系统中的东向调平回路可完成快速调平功能，且有较好的滤波特性。

（3）由于 ϕ_{x_0} 对方位对准影响极大，必须先进行预调平，然后再进行精对准。

（4）采用简单控制规律不能满足滤波和精度要求，最好引入积分校正网络和高频滤波网络。

（5）调平对准精度最后取决于

$$\begin{cases} \phi_x(0) = -\dfrac{\nabla^{(y)}}{g} \\[2mm] \phi_y(0) = \dfrac{\nabla^{(x)}}{g} \\[2mm] \phi_z(0) = \dfrac{D^{(x)}}{\Omega_N} \end{cases}$$

4.2.2.4 二阶自对准系统

一阶自对准系统虽然具有良好的时域特性，但是抗晃动干扰性能稍差，在导弹的自对准过程中，抗晃动干扰问题不应忽视。为提高自对准系统抗晃动干扰的能力，实践中常将其设计成二阶系统或三阶系统。本小节主要讨论二阶自对准问题，即讨论构成二阶系统的方法和二阶系统的基本性能。

首先以解耦后的北向调平回路为例，研究构成二阶系统的基本思路。一阶调平系统方块图的形式如图 4.11(a) 所示，要将该一阶系统变换成二阶系统，必须引入一积分环节，以取代比例环节 K_y。

同时,在引入积分环节后,还需相应地乘以比例系数 $1/R$(R 为地球半径),同时把重力分量 $\phi_y g$ 直接换成角速度信号。引入积分环节后,调平回路方块图如图 4.12(a) 所示,它的传递函数为

$$\frac{\phi_y(s)}{D^{(y)}(s)} = \frac{s}{s^2 + g/R}$$

由此可见,该调平回路是一个二阶无阻尼舒勒回路,虽然具有二阶滤波特性,但系统误差角 ϕ_y 以 84.4 min 为周期做缓慢振荡,不能满足调平要求,因此必须设法引入阻尼项。

若在积分环节上引入附加反馈,如图 4.12(b) 所示,则可获得阻尼项,这样传递函数为

$$\frac{\phi_y(s)}{D^{(y)}(s)} = \frac{s + K_{y_1}}{s^2 + K_{y_1}s + g/R}$$

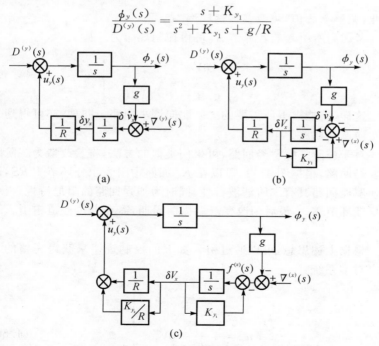

图 4.12　二阶调平回路的组成

(a) 二阶无阻尼舒勒回路; (b) 二阶有阻尼舒勒回路; (c) 符合设计要求的二阶系统

适当选择 K_{y_1} 值,可改变系统阻尼项的大小,从而可使振荡衰减下来,使系统达到平衡状态。但振荡周期仍为 84.4 min,调平速度太慢,不能满足快速对准的要求,因此必须设法改变振荡频率。

如果在 $1/R$ 环节上并以 K_{y_2} 比例环节,如图 4.12(c) 所示,则可提高调平回路的振荡频率,达到快速调平的要求,此时的传递函数为

$$\frac{\phi_y(s)}{D^{(y)}(s)} = \frac{s + K_{y_1}}{s^2 + K_{y_1}s + \dfrac{(1 + K_{y_2})}{R}g}$$

而振荡频率为

$$\omega_0 = \sqrt{\frac{g}{R}(1 + K_{y_2})}$$

因此,调整 K_{y_2} 值,可改变振荡频率。

考虑到所引入的各环节后,可得控制规律为

$$\left. \begin{aligned} u_y &= \frac{1 + K_{y_2}}{R}\delta V_x \\ \delta \dot{V}_x &= -\phi_y g + \nabla^{(x)} - \delta V_x K_{y_1} \end{aligned} \right\} \tag{4.49}$$

这样,就能求得所需要的二阶北向调平回路。同理,亦可得到二阶东向调平回路。

对于一阶陀螺罗经回路,可采用类似的方法,将其改造为二阶陀螺罗经回路,根据图 4.11,可以在 K_z 回路中引入积分环节 $1/RS$,以便使罗经回路具有二阶滤波特性,同时为加强回路的阻尼特性,再引入反馈环节 K_{x_1},最后为改变舒勒振荡周期,需在方位通道中引入增益 K_{z_2}。

根据上述思想,可以通过引入如下的控制规律来获得完整的二阶自对准系统:

$$\left. \begin{aligned} u_x &= -\frac{1 + K_{x_2}}{R}\delta V_y \\ u_y &= \frac{1 + K_{y_2}}{R}\delta V_x \\ u_z &= \frac{K_{z_2}}{R}\delta V_y \end{aligned} \right\} \tag{4.50}$$

而

$$\delta\dot{V}_x = -\phi_y g + \nabla^{(x)} - \delta V_x K_{y_1} \Big\}$$
$$\delta\dot{V}_y = -\phi_x g + \nabla^{(y)} - \delta V_y K_{x_1}$$

式中：δV_x、δV_y 分别为 x 和 y 通道积分器的输出；$\delta \dot{V}_x$、$\delta \dot{V}_y$ 分别为 x 和 y 通道积分器的输入；K_{x_1}、K_{x_2}、K_{y_1}、K_{y_2}、K_{z_2} 分别为各通道增益；R 为地球半径。

将式(4.50)代入式(4.7)中，补偿掉地速分量后，得

$$\begin{aligned}
\dot{\phi}_x &= D^{(x)} - \frac{1+K_x}{R}\delta V_y + \phi_y \Omega_A - \phi_z \Omega_N \\
\dot{\phi}_y &= D^{(y)} + \frac{1+K_y}{R}\delta V_x - \phi_x \Omega_A \\
\dot{\phi}_z &= D^{(z)} + \frac{K_z}{R}\delta V_y + \phi_x \Omega_N \\
\delta\dot{V}_x &= -\phi_y g + \nabla^{(x)} - \delta V_x K_{y_1} \\
\delta\dot{V}_y &= -\phi_x g + \nabla^{(y)} - \delta V_y K_{x_1}
\end{aligned} \right\} \tag{4.51}$$

式(4.51)经拉普拉斯变换后，写成矩阵形式为

$$\begin{bmatrix}
s & -\Omega_A & \Omega_N & 0 & \dfrac{1+K_{x_2}}{R} \\
\Omega_A & s & 0 & -\dfrac{1+K_{y_2}}{R} & 0 \\
-\Omega_N & 0 & s & 0 & -\dfrac{K_{z_2}}{R} \\
0 & g & 0 & s+K_{y_1} & 0 \\
-g & 0 & 0 & 0 & s+K_{x_1}
\end{bmatrix}
\begin{bmatrix}
\phi_x(s) \\ \phi_y(s) \\ \phi_z(s) \\ \delta V_x(s) \\ \delta V_y(s)
\end{bmatrix}$$

$$= \begin{bmatrix}
D^{(x)}(s) + \phi_{x_0} \\
D^{(y)}(s) + \phi_{y_0} \\
D^{(z)}(s) + \phi_{z_0} \\
\nabla^{(x)}(s) + \delta V_{x_0} \\
\nabla^{(y)}(s) + \delta V_{y_0}
\end{bmatrix} \tag{4.52}$$

在引入新控制规律后,二阶自对准系统的方块图如图 4.13 所示。下面研究二阶系统的特性。

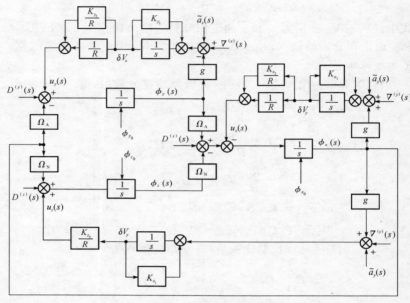

图 4.13　二阶自对准系统

由式(4.52)可得系统的特征方程为

$$\Delta(s) = s^5 + (K_{x_1} + K_{y_1})s^4 +$$

$$\left[K_{x_1} K_{y_1} + \frac{g(1 + K_{y_2})}{R} + \frac{g(1 + K_{x_2})}{R} + \Omega_N^2 + \Omega_A^2 \right]s^3 +$$

$$\left[\frac{g(1 + K_{y_2})K_{x_1}}{R} + \frac{g(1 + K_{x_2})K_{y_1}}{R} + \frac{gK_{z_2}\Omega_N}{R} + \right.$$

$$\left. (K_{x_1} + K_{y_1})(\Omega_N^2 + \Omega_A^2) \right]s^2 + \left[\frac{g^2}{R^2}(1 + K_{x_2})(1 + K_{y_2}) + \right.$$

$$\frac{g}{R}(1 + K_{y_2})\Omega_N^2 + \frac{g}{R}K_{z_2}\Omega_N K_{y_1} + K_{x_1} K_{y_1}$$

$$\left(\Omega_N^2 + \Omega_A^2\right)\Big]s + \frac{g^2}{R^2}(1+K_{y_2})K_{z_2}\Omega_N \qquad (4.53)$$

如令系统的特征方程为 $\Delta(s) = \left(1 + \dfrac{1}{T}\right)^5$，则比较方程参数可得

$$K_{x_1} + K_{y_1} = \frac{5}{T}$$

$$K_{x_1}K_{y_1} + \frac{g}{R}\left[(1+K_{y_2}) + (1+K_{x_2})\right] + \Omega_N^2 + \Omega_A^2 = 10\frac{1}{T^2}$$

$$(K_{x_1} + K_{y_1})(\Omega_N^2 + \Omega_A^2) +$$

$$\frac{g}{R}\left[K_{z_2}\Omega_N + (1+K_{x_2})K_{y_1} + (1+K_{y_2})K_{x_1}\right] = 10\frac{1}{T^3}$$

$$\frac{g^2}{R^2}(1+K_{x_2})(1+K_{y_2}) + \frac{g}{R}(1+K_{y_2})\Omega_N^2 +$$

$$\frac{g}{R}K_{z_2}\Omega_N K_{y_1} + K_{x_1}K_{y_1}(\Omega_N^2 + \Omega_A^2) = 5\frac{1}{T^4}$$

$$\frac{g^2}{R^2}(1+K_{y_2})K_{z_2}\Omega_N = \frac{1}{T^5}$$

$$(4.54)$$

一般选 $T \ll \dfrac{1}{\Omega}(\Omega = 7.3 \times 10^{-5}\ \text{rad/s})$，$\Omega$ 为地球转速。因此求解方程(4.54)，得

$$K_{x_1} = \frac{3}{T}(\text{rad/s})$$

$$K_{y_1} = \frac{2}{T}(\text{rad/s})$$

$$(1+K_{y_2}) = \frac{R}{g}\frac{1}{T^2}\ \text{或}\ \frac{g}{R}(1+K_{y_2}) = \frac{1}{T^2}$$

$$(1+K_{x_2}) = \frac{R}{g}\frac{3}{T^2}\ \text{或}\ \frac{g}{R}(1+K_{x_2}) = \frac{1}{T^2}$$

$$K_{z_2} = \frac{R}{g}\frac{1}{T^3\Omega_N}\ \text{或}\ \frac{g}{R}K_{z_2}\Omega_N = \frac{3}{T^3}$$

$$(4.55)$$

解方程(4.52)，可得各失调角表达式为

$$\phi_x(s) = \left\{ \left[s^2(s+K_{x_1})(s+K_{y_1}) + \frac{g}{R}(1+K_{y_2})(s+K_{x_1})s \right] \right.$$

$$\left[D^{(x)}(s) + \phi_{x_0} \right] + \left[(s+K_{x_1})(s+K_{y_1})\Omega_{\mathrm{A}}s \right] \left[D^{(y)}(s) + \phi_{y_0} \right] -$$

$$\left[(s+K_{x_1})(s+K_{y_1})\Omega_{\mathrm{N}} + \frac{g}{R}\Omega_{\mathrm{N}}(s+K_{x_1})(1+K_{y_2}) \right]$$

$$\left[D^{(z)}(s) + \phi_{z_0} \right] - \left[\frac{1+K_{y_2}}{R}(s+K_{x_1})\Omega_{\mathrm{A}}S \right] \left[\nabla^{(x)}(s) + \delta\dot{V}_{x_0} \right] -$$

$$\left[\Omega_{\mathrm{N}}\frac{K_{z_2}}{R}\frac{g}{R}(1+K_{y_2}) + \Omega_{\mathrm{N}}\frac{K_{z_2}}{R}(s+K_{y_1})s + s^2(s+K_{y_1}) \right.$$

$$\left. \frac{1+K_{x_2}}{R} + \frac{(1+K_{x_2})}{R}\frac{(1+K_{y_2})gs}{R} \right]$$

$$\left. \left[\nabla^{(y)}(s) + \delta\dot{V}_{y_0} \right] \right\} / \Delta(s) \qquad (4.56)$$

$$\phi_y(s) = \left\{ -(s+K_{x_1})(s+K_{y_1})\Omega_{\mathrm{A}}s(D^{(x)}(s)+\phi_{x_0}) + \right.$$

$$\left[(s+K_{x_1})(s+K_{y_1})(s^2+\Omega_{\mathrm{N}}^2) + \frac{g}{R}(s+K_{y_1})(s+K_{x_2})s \right] +$$

$$\left. \frac{g}{R}(s+K_{y_1})K_{z_2}\Omega_{\mathrm{N}} \right] \left[D^{(y)}(s) + \phi_{y_0} \right] +$$

$$(s+K_{x_1})(s+K_{y_1})\Omega_{\mathrm{N}}\Omega_{\mathrm{A}}\left[D^{(z)}(s)+\phi_{z_0} \right] +$$

$$\left[(s+K_{x_1})(s^2+\Omega_{\mathrm{N}}^2) + \frac{g}{R}K_{z_2}\Omega_{\mathrm{N}} + \frac{g}{R}(1+K_{x_2})s \right] \times$$

$$\frac{(1+K_{y_2})}{R} \left[\nabla^{(x)}(s) + \delta\dot{V}_{x_0} \right] +$$

$$\left. (s+K_{y_1})\Omega_{\mathrm{A}}\left(\frac{K_{z_2}}{R}\Omega_{\mathrm{N}} + \frac{1+K_{x_2}}{R}s \right)(\nabla^{(y)}(s) + \delta\dot{V}_{y_0}) \right\} / \Delta(s)$$

$$(4.57)$$

$$\phi_z(s) = \left\{ \left[\frac{g^2}{R^2}(1+K_{y_2})K_{z_2} + \frac{g}{R}K_z(s+K_{y_1})s + \Omega_{\mathrm{N}}(s+K_{x_1}) \right. \right.$$

$$\frac{(1+K_{y_2})}{R}g + (s+K_{x_1})(s+K_{y_1})\Omega_{\mathrm{N}}s \left] \left[D^{(x)}(s) + \phi_{x_0} \right] + \right.$$

$$\left[(s+K_{y_1})(s+K_{x_1})\Omega_{\mathrm{A}}\Omega_{\mathrm{N}} + \frac{g}{R}K_{z_2}(s+K_{y_1})\Omega_{\mathrm{A}} \right] \left[D^{(y)}(s) + \right.$$

$$\phi_{y_0}] + \left[\frac{g}{R}(1 + K_{x_2})(s + K_{y_1})s + \frac{g^2}{R^2}(1 + K_{x_2})(1 + K_{y_2}) + \right.$$

$$(s + K_{x_1})(s + K_{y_1})s^2 + \frac{g}{R}(1 + K_{y_2})(s + K_{x_1})s +$$

$$(s + K_{x_1})(s + K_{y_1})\Omega_A^2 \Big] [D^{(z)}(s) + \phi_{z_0}] +$$

$$\left[\Omega_N K_{z_2} \frac{g}{R} - (s + K_{x_1})\Omega_A \Omega_N \right] \frac{(1 + K_{y_2})}{R} [\nabla^{(x)}(s) + \delta \dot{V}_{x_0}] -$$

$$\left[-\frac{g}{R^2}(1 + K_{x_2})(1 + K_{y_2})\Omega_N - \frac{(1 + K_{x_2})}{R}(s + K_{y_1})\Omega_N s + \right.$$

$$\frac{K_{z_2}}{R}s^2(s + K_{y_1}) + \frac{g}{R}\frac{(1 + K_{y_2})}{R}K_{z_2}s +$$

$$\left. \frac{K_{z_2}}{R}(s + K_{y_1})\Omega_A^2 \right] [\nabla^{(y)}(s) + \delta \dot{V}_{y_0}] \bigg\} / \Delta(s) \tag{4.58}$$

利用式(4.56) ~ 式(4.58),可研究系统的各种特性。

1. 系统的稳态精度

略去推导过程,可得

$$\left.\begin{array}{l}
\phi_x(0) = -\dfrac{\nabla^{(y)}}{g} - \dfrac{R}{g}\dfrac{K_{x_1}}{K_{z_2}}D^{(z)} \approx -\dfrac{\nabla^{(y)}}{R} \\[3mm]
\phi_y(0) = \dfrac{\nabla^{(x)}}{g} + \dfrac{R}{g}\dfrac{K_{y_1}}{(1 + K_{y_2})}D^{(y)} \approx \dfrac{\nabla^{(x)}}{g} \\[3mm]
\phi_z(0) = \dfrac{D^{(x)}}{\Omega_N} + \dfrac{\nabla^{(x)}}{g} \approx \dfrac{D^{(x)}}{\Omega_N}
\end{array}\right\} \tag{4.59}$$

2. 系统的频率特性

由式(4.59)可分别求出各失调角相对晃动干扰的传递函数。

(1) 东向调平通道的传递函数为

$$\frac{\phi_x(s)}{\dfrac{\bar{a}_x(s)}{g}} = 3T^2\Omega_A\left(\frac{T}{3}s + 1\right)s / (Ts + 1)^5 \tag{4.60}$$

$$\frac{\phi_x(s)}{\dfrac{\bar{a}_x(s)}{g}} = \frac{1 + 3Ts}{(Ts + 1)^3} \tag{4.61}$$

(2) 北向调平通道的传递函数为

$$\frac{\dfrac{\phi_y(s)}{\overline{a_x(s)}}}{g} = \frac{1}{(Ts+1)^2} \tag{4.62}$$

$$\frac{\dfrac{\phi_y(s)}{\overline{a_x(s)}}}{g} = T^3 \Omega_{\text{A}} \left(3s^2 + \frac{2}{T}s + \frac{2}{T^2}\right) / (Ts+1)^5 \tag{4.63}$$

(3) 方位通道的传递函数为

$$\frac{\dfrac{\phi_z(s)}{\overline{a_x(s)}}}{g} = \frac{1}{(Ts+1)^5} \tag{4.64}$$

$$\frac{\dfrac{\phi_z(s)}{\overline{a_x(s)}}}{g} = \frac{s - 3T\Omega_{\text{N}}^2}{\Omega_{\text{N}}(Ts+1)^3} \tag{4.65}$$

以上各传递函数所画出的频率特性曲线如图 4.14 所示。图中取 $\Omega_{\text{N}} = \Omega_{\text{A}} = 5 \times 10^{-5} \text{ rad/s}, T = 60 \text{ s}$。

比较图 4.14 中各条曲线可以看出,本通道晃动干扰的影响是主要的,例如曲线①②③仅有 −2 的斜率。而交叉通道的晃动干扰则可忽略不计,例如曲线④⑤具有 −3 的斜率和极小的增益。此外,一阶系统的方位失调角受 a_y 影响比较严重,曲线⑥的斜率仅为 −1,幅度也高达 56 dB,而二阶系统方位失调角的频率特性则有很大改善(见曲线③),其高频部分具有 −2 的斜率,低频处有 +1 的上升斜率,在 $1/T$ 附近有峰值。

3. 系统的时域特性

略去推导过程,可以得到如下的传递函数和时间响应特性。

(1)东向调平通道:

$$\frac{\phi_x(s)}{\phi_{x_0}} = \frac{s\left(s + \dfrac{3}{T}\right)}{\left(s + \dfrac{1}{T}\right)^3} \tag{4.66}$$

$$\phi_x(t) = \phi_{x_0}\left(1 + \frac{t}{T} - \frac{t^2}{T^2}\right) e^{-t/T} \tag{4.67}$$

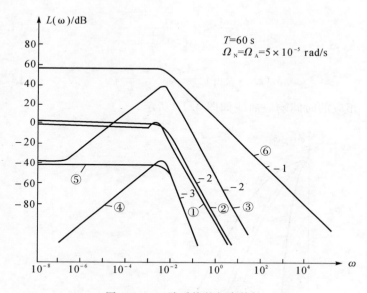

图 4.14   二阶系统的频率特性

①——$\phi_x(\omega)/a_y(\omega)$ 的频率特性;   ②——$\phi_y(\omega)/a_x(\omega)$ 的频率特性;

③——$\phi_z(\omega)/a_y(\omega)$ 的频率特性;   ④——$\phi_x(\omega)/a_x(\omega)$ 的频率特性;

⑤——$\phi_y(\omega)/a_y(\omega)$ 的频率特性;

⑥——一阶系统的 $\phi_z(\omega)/a_y(\omega)$ 的频率特性(用于与二阶系统相比较)

(2)北向调平通道:

$$\frac{\phi_y(s)}{\phi_{y_0}} = \frac{s^2 + \dfrac{3}{T}s + \dfrac{2}{T^2}}{\left(s + \dfrac{1}{T}\right)^3} \tag{4.68}$$

$$\phi_y(t) = \phi_{y_0}\left(1 + \frac{t}{T}\right)e^{-t/T} \tag{4.69}$$

(3)方位对准通道:

$$\frac{\phi_z(s)}{\phi_{z_0}} = \frac{s^2 + \frac{3}{T}s + \frac{3}{T^2}}{\left(s + \frac{1}{T}\right)^3} \tag{4.70}$$

$$\phi_z(t) = \phi_{z_0}\left(1 + \frac{t}{T} + \frac{1}{2}\frac{t^2}{T^2}\right)e^{-t/T} \tag{4.71}$$

相应的时间响应曲线如图 4.15 所示。

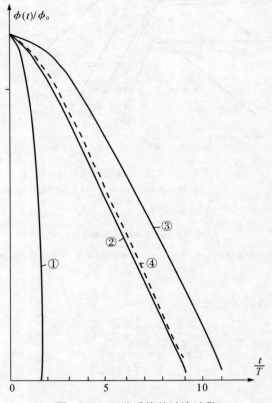

图 4.15　二阶系统的过渡过程

①—东向调平失准角的过渡过程；　②—北向调平失准角的过渡过程；

③—方位对准失准角的过渡过程（二阶系统）；　④—方位对准失准角的过渡过程（一阶系统）

　　比较各曲线，可知 $\phi_z(t)$ 的过渡过程时间最长，而 $\phi_x(t)$ 的过渡过程时间最短，说明东向调平通道具有快速调平功能。

　　作为比较，图 4.15 上重画了一阶系统的 ϕ_z（曲线 ④）。与一阶系统相比，二阶系统的方位对准时间加长了。这是系统阶次升高所带来的问题。

　　总的来说，二阶系统与一阶系统相比，有两个优点：其一，改善了滤波特性，$\phi_z(\omega)/\bar{a}_y(\omega)$ 的特性曲线在高频处具有 -2 的斜率（因此称为二阶系统）；其二，便于把初始对准系统改为导航系统，只要令 $K_{x_2} = K_{y_2} = K_{z_2} = K_{x_1} = K_{y_1} = 0$，便可以实现由初始对准系统向惯性导航系统的转变。但二阶系统的缺点是方位对准的时间变长了。

　　二阶系统和一阶系统一样，在忽略了 Ω_A^2 的影响后，三轴耦合系统便可分解为北向调平和陀螺罗经两个回路。可以证明，解耦后的系统，在主要性能上都与原系统保持一致，不仅如此，解耦后的系统还减小了北向调平和罗经回路之间的交叉影响。在罗经回路中，调平和方位对准也要分开进行，首先应进行快速调平（因东向调平回路具有快速调平功能和良好的抗干扰性），为此，只需切断 K_z 通道（$K_{z_2} = 0$），并选用较小的 T 值便可。当水平失调角减小到几分以内，再接通 K_z 通道，并同时改用较大的 T 值，以加速滤波效果，提高方位对准精度。

　　在系统设计时，T 值的选择是重要的一环。选择大的 T 值可以抑制晃动和噪声干扰，但系统会因此失去快速性；选择小的 T 值，固然可以加快对准过程，但是又会使系统对各种干扰过于敏感，而降低对准精度。因此，在 T 值的选择上应折中处理。

　　以上讨论了古典自对准问题。在采用古典法进行对准时，把陀螺仪漂移和加速度计的零偏视为常量，其中并未考虑这些参数的随机变化部分以及其他噪声的影响，因而往往不能获得对准精度和对准时间的最佳折中。一种理想的选择，是建立噪声的统计模型，利用滤波方法，对失调角进行最佳估计，根据估值大小，控制平台转动，从而完成初始对准。这就是下面要介绍的最优自对准问题。

4.2.2.5　在平台上测定陀螺仪漂移

前面已经介绍过,平台初始对准的精度与加速度计的零偏和陀螺仪的漂移有关,如果知道这些数据,可以按式(4.59)对自对准系统进行补偿,以改善其稳态精度。每一个仪表在装上平台之前,一般都要进行充分试验。取得这些数据并不困难,但由于测试读数的随机性和仪表性能有随时间变化的特点,补偿效果不一定很理想。如果能在初始对准过程中测定仪表的误差,将能减小这些补偿中不定因素的影响,必然会改善补偿效果。

在初始对准过程中,利用平台内部信息,对陀螺仪进行漂移测试,称为自标定或自校准。陀螺仪的测漂工作一般是利用调平回路并在水平对准基础上进行的。一般来说,首先进行水平面内两陀螺仪的测漂工作,然后再进行方位陀螺仪的测漂。水平面内两陀螺仪的测漂一般采用双位置法(取不同的两个方位角),方位陀螺仪的测漂工作一般在方位锁定状态下进行(即 ϕ_z =常值)。

下面分别对两种测漂法进行讨论。

1. 水平陀螺仪漂移测试

对水平面内两陀螺仪进行测漂时,两个调平回路都处于闭路工作状态。由图(4.11)可以直接列出陀螺仪测漂的基本方程:

$$\left.\begin{aligned}
\dot{\phi}_x &= D^{(x)} + u_x - \phi_z \Omega_N \\
\dot{\phi}_y &= D^{(y)} + u_y \\
u_x &= -K_x f^{(y)} \\
u_y &= K_y f^{(x)}
\end{aligned}\right\} \tag{4.72}$$

测漂既然是在调平回路处于稳态条件下进行的,所以 $\dot{\phi}_x = \dot{\phi}_y = 0$,故有

$$\left.\begin{aligned}
0 &= D^{(x)} + u_x - \phi_z \Omega_N \\
0 &= D^{(y)} + u_y
\end{aligned}\right\} \tag{4.73}$$

由此可得

$$\left.\begin{aligned}
u_x &= \phi_z \Omega_N - D^{(x)} \\
u_y &= -D^{(y)}
\end{aligned}\right\} \tag{4.74}$$

由式(4.74)不难看出,北向陀螺仪 $G^{(y)}$ 的漂移 $D^{(y)}$ 可以通过测量加矩信号 u_y,即东向加速度计的输出 $f^{(x)}$ 来确定,因为 $u_y = K_y f^{(x)}$ 是可以观测的。但东向陀螺仪 $G^{(x)}$ 的漂移 $D^{(x)}$ 不能确定,因为在加矩信号中含有未知量 $\phi_z \Omega_N$,也就是说,利用式(4.74)的两个方程不可能求出 3 个未知数,所以必须给方位陀螺仪加矩,驱动平台逆时针转过 90°,使陀螺仪 $G^{(y)}$ 指西,陀螺仪 $G^{(x)}$ 指北,在这样的位置上又可列出两个方程:

对陀螺仪 $G^{(x)}$: $u_x = -D^{(x)}$ 　　　　　　　　　(4.75a)

对陀螺仪 $G^{(y)}$: $u_y = \phi_z \Omega_N - D^{(y)}$ 　　　　　　(4.75b)

由式(4.75a)可求出陀螺仪 $G^{(x)}$ 的漂移 $D^{(x)}$,因为 $u_x = -K_x f^{(y)}$ 亦是可观测的。由式(4.75b)可求出 $\phi_z \Omega_N$,因为 u_y 是可测量的,而 $D^{(y)}$ 在第一个位置上已经测出。如此经过两个位置的测量,不仅可以求出 $D^{(x)}$、$D^{(y)}$,而且还可以计算出方位失调角 ϕ_z 为

$$\phi_z = \frac{u_y + D^{(y)}}{\Omega_N} = \frac{K_y f^{(x)} + D^{(y)}}{\Omega_N} \qquad (4.76)$$

得出了 ϕ_z 后,就可以消除其影响,从而实现方位对准。

上面所叙述的测漂法是将平台分别置于相差 90° 的两个方位上进行的。驱动平台转动 90°,需要较长的时间,由此延长了边测漂边对准的过程,这是不希望的。可以证明,只要利用不同的两个位置,获取 4 个测漂方程,便可完成水平陀螺仪的测漂工作,而不管这两个位置是否相差 90°,但是不能等于 0° 或 180°。

2. 方位陀螺仪 $G^{(z)}$ 漂移的测定

方位陀螺仪 $G^{(z)}$ 的测漂工作需要在方位锁定状态下,即使平台在调平状态下,始终跟踪地速垂直分量 Ω_A 的稳态过程中进行,进行方位锁定可利用图 4.16 所示方块图,但需要对其进行变换,以适合测漂的需要。图 4.17 是方位测漂锁定回路。

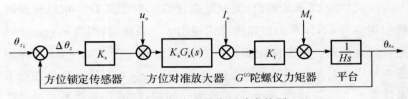

图 4.16   方位锁定回路方块图

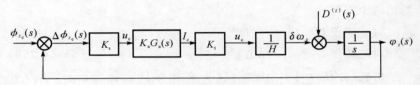

图 4.17   方位测漂锁定回路

图 4.16 中，$\theta_{z_i} = t\Omega \sin\phi$ 为由地速垂直分量引起的方位失调角；t 为时间；$K_a G_a(s)$ 为方位对准放大器的增益和校正网络；K_t 为陀螺仪 $G^{(z)}$ 的力矩器系数；$\dfrac{1}{HS}$ 为平台的传递函数。

在图 4.17 中，ϕ_{z_c} 是由计算得的方位角的理论值；φ_z 是平台实际方位角；$\delta\omega_c$ 是可观测的加矩速率。由图 4.17 可得

$$\dot{\phi}_z = D^{(z)} + \delta\omega_c$$

稳态时

$$\delta\omega_c = -D^{(z)} \tag{4.77}$$

而

$$\delta\omega_c = \frac{K_t}{H} I_c$$

因此根据 $\delta\omega_c$ 或所测得的加矩电流 I_c，便可确定方位陀螺仪 $G^{(z)}$ 的漂移量 $D^{(z)}$。

4.2.3   卡尔曼滤波在初始对准中的应用

从被噪声污染了的量测值中提取有用信号的方法，称为滤波技

术,而根据统计规律进行的滤波称为统计滤波。根据信号和量测值的统计特性从量测值中得出某种统计意义上具有最小误差的信号估计,称为最优滤波或最优估计。最小二乘法、维纳滤波和卡尔曼滤波都是最优滤波方法。其中卡尔曼滤波是现代控制理论的一个重要组成部分,它考虑了信号和量测值的基本统计特性,利用状态方程来描述系统,因此既能估计平稳的标量随机过程,也能估计非平稳矢量随机过程。它采用了递推运算的方法,利用数字计算机,可以实时地计算出所需信号的最优估值。图 4.18 解释了卡尔曼滤波的基本原理。

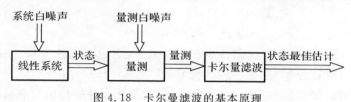

图 4.18　卡尔曼滤波的基本原理

卡尔曼滤波的对象是用状态方程描述的随机线性系统,它按照估计误差的方差最小的准则,从被噪声污染了的量测值中,实时估计出系统的各个状态。

卡尔曼滤波具有广泛的用途,它的实质是一种数据处理方法。凡是需要从被噪声污染了的量测值中确定出所需状态或有用信号时,都可用卡尔曼滤波方法。例如航天器轨道的确定、导航系统信号的估算、通信工程中信号的检测以及大地测量等都有一个状态或参数的估算问题,这些都可用卡尔曼滤波理论处理。因此卡尔曼滤波理论自 1960 年提出后,在很短时间内,在各个领域内特别是在惯性导航及控制系统中,得到了推广和应用。

应用卡尔曼滤波的基本条件是:滤波对象能够较准确地用状态方程来描述,系统是完全随机可控和完全随机可观测的,系统噪声和量测噪声统计特性为已知,并且两种噪声都应是白噪声。如果系统噪声为有色噪声,而量测噪声为白噪声,则需扩大状态变量,使系统噪声和量测噪声都成为白噪声。当量测噪声为有色噪声时,则需引入新变量以获得在有色量测噪声条件下的卡尔曼滤波方程。

下面讨论卡尔曼滤波在初始对准中的应用问题。

4.2.3.1 初始对准的状态方程和量测方程

在初始对准中应用卡尔曼滤波时,需要建立滤波系统的状态方程和量测方程。

系统的状态方程可由平台的误差方程得到,仍以指北方位平台系统为例,并设地速已得到补偿,则从式(4.5)可得

$$\left.\begin{aligned}
\dot{\phi}_x &= \phi_y \Omega_A - \phi_z \Omega_N + D^{(x)} + u_x \\
\dot{\phi}_y &= -\phi_x \Omega_A + D^{(y)} + u_y \\
\dot{\phi}_z &= \phi_x \Omega_N + D^{(z)} + u_z
\end{aligned}\right\} \tag{4.78}$$

一般说来,陀螺仪漂移是一种随机量,它包括三种分量:一阶马尔科夫过程分量、白噪声和随机常数。漂移中的一阶马尔科夫过程分量的时间常数常在 $2\sim4$ h 之间,相对十几分钟的初始对准时间来说可以认为是常数,而且陀螺仪漂移中的一阶马尔科夫过程和白噪声的数值要比随机常数分量小得多,所以在初始对准中常把陀螺仪漂移的模型简化为常数,这样陀螺仪漂移的微分方程可表示为

$$\left.\begin{aligned}
\dot{D}^{(x)} &= 0 \\
\dot{D}^{(y)} &= 0 \\
\dot{D}^{(z)} &= 0
\end{aligned}\right\} \tag{4.79}$$

设用加速度计的输出作为测量值,并认为输出中的误差主要是零位偏差和白噪声,这里按卡尔曼滤波应用中常用的符号列写为

$$\left.\begin{aligned}
Z_x &= -g\phi_y + \nabla^{(x)} + W_x \\
Z_y &= g\phi_x + \nabla^{(y)} + W_y
\end{aligned}\right\} \tag{4.80}$$

式中,W_x、W_y 为零均值白噪声;$\nabla^{(x)}$、$\nabla^{(y)}$ 是未知的随机变量,在缓慢的对准过程中,也可看成是常数。因此需把 $\nabla^{(x)}$、$\nabla^{(y)}$ 作为状态变量,为此应扩充状态变量的微分方程,即

$$\left.\begin{aligned}
\dot{\nabla}^{(x)} &= 0 \\
\dot{\nabla}^{(y)} &= 0
\end{aligned}\right\} \tag{4.81}$$

式(4.77)～式(4.81)可组成系统扩大的状态方程和量测方程：

$$
\begin{bmatrix} \dot{\phi}_x \\ \dot{\phi}_y \\ \dot{\phi}_z \\ \dot{D}^{(x)} \\ \dot{D}^{(y)} \\ \dot{D}^{(z)} \\ \dot{\nabla}^{(x)} \\ \dot{\nabla}^{(y)} \end{bmatrix} = \begin{bmatrix} 0 & \Omega_A & -\Omega_N & 1 & 0 & 0 & 0 & 0 \\ -\Omega_A & 0 & 0 & 0 & 1 & 0 & 0 & 0 \\ \Omega_N & 0 & 0 & 0 & 0 & 1 & 0 & 0 \\ 0 & 0 & 0 & 0 & 0 & 0 & 0 & 0 \\ 0 & 0 & 0 & 0 & 0 & 0 & 0 & 0 \\ 0 & 0 & 0 & 0 & 0 & 0 & 0 & 0 \\ 0 & 0 & 0 & 0 & 0 & 0 & 0 & 0 \\ 0 & 0 & 0 & 0 & 0 & 0 & 0 & 0 \end{bmatrix} \begin{bmatrix} \phi_x \\ \phi_y \\ \phi_z \\ D^{(x)} \\ D^{(y)} \\ D^{(z)} \\ \nabla^{(x)} \\ \nabla^{(y)} \end{bmatrix} + \begin{bmatrix} u_x \\ u_y \\ u_z \\ 0 \\ 0 \\ 0 \\ 0 \\ 0 \end{bmatrix}
$$

$$(4.82)$$

$$
\begin{bmatrix} Z_x \\ Z_y \end{bmatrix} = \begin{bmatrix} 0 & -g & 0 & 0 & 0 & 0 & 1 & 0 \\ g & 0 & 0 & 0 & 0 & 0 & 0 & 1 \end{bmatrix} \begin{bmatrix} \phi_x \\ \phi_y \\ \phi_z \\ D^{(x)} \\ D^{(y)} \\ D^{(z)} \\ \nabla^{(x)} \\ \nabla^{(y)} \end{bmatrix} + \begin{bmatrix} W_x \\ W_y \end{bmatrix}
$$

$$(4.83)$$

4.2.3.2　初始对准系统可观测性的讨论

由式(4.20)和式(4.21)可知,初始对准最终的调平精度与加速度计的零位偏差有关,即

$$|\phi_x| \geqslant |\nabla^{(y)}/g|$$
$$|\phi_y| \geqslant |\nabla^{(x)}/g|$$

由于从加速度计的输出中,无法将加速度计的零位偏差与平台失调角所造成的重力分量区分开,所以利用这项输出进行调平时,最终平台总是有一定的失调角,且此失调角与加速度计的零位偏差有关。

同理,从式(4.22)中可知,平台的方位对准误差与东向陀螺仪 $G^{(x)}$ 的漂移有关,即

$$|\phi_z| \geqslant \left|\frac{D^{(x)}}{\Omega_N}\right|$$

由罗经对准原理可知,方位对准误差信号取之于平台绕东轴的失调角,即由于方位对准误差,在平台东轴产生旋转分量 $\phi_z \Omega_N$,使平台绕东轴不断倾斜。但使平台绕东轴不断倾斜的原因还有陀螺仪 $G^{(x)}$ 的漂移 $D^{(x)}$,这两种因素在平台的倾角中是分不开的。因此最终的平台方位对准误差与东向陀螺仪的零偏有关。以上这种对准误差是无法消除的,即使采用卡尔曼滤波方法进行对准也是如此。

以上分析表明,在扩大的系统方程式(4.82)和式(4.83)中,加速度计零位偏差 $\nabla^{(x)}$、$\nabla^{(y)}$ 和东向陀螺仪 $G^{(x)}$ 的漂移 $D^{(x)}$ 都是不可观测的状态变量。由于该系统不能满足卡尔曼滤波条件,因此需将上面的假设系统转化为可观测的标准型,把可观测的量和不可观测的量分开。为此按以下顺序列写出系统的状态变量:

$$X = \begin{bmatrix} \phi_x \\ \phi_y \\ \phi_z \\ D^{(x)} \\ D^{(y)} \\ D^{(z)} \\ \nabla^{(x)} \\ \nabla^{(y)} \end{bmatrix}$$

相应的状态方程和量测方程可用矢量-矩阵方程表示为

$$\left.\begin{aligned} \dot{X}(t) &= AX(t) + BU(t) \\ Z(t) &= CX(t) + W(t) \end{aligned}\right\} \tag{4.84}$$

式中:$X(t)$ 为系统状态矢量;$U(t)$ 为控制矢量;$Z(t)$ 为输出矢量或观测矢量;$W(t)$ 为白噪声矢量;A 为系统矩阵;B 为控制矩阵,这里 B 为单位阵;C 为输出矩阵或量测矩阵。

或写成分块矩阵的形式：

$$
\begin{bmatrix}
\dot{\phi}_x \\
\dot{\phi}_y \\
\dot{\phi}_z \\
\dot{D}^{(y)} \\
\dot{D}^{(z)} \\
\dot{D}^{(x)} \\
\dot{\nabla}^{(x)} \\
\dot{\nabla}^{(y)}
\end{bmatrix}
=
\begin{bmatrix}
0 & \Omega_A & -\Omega_N & 0 & 0 & 1 & 0 & 0 \\
-\Omega_A & 0 & 0 & 1 & 0 & 0 & 0 & 0 \\
\Omega_N & 0 & 0 & 0 & 1 & 0 & 0 & 0 \\
0 & 0 & 0 & 0 & 0 & 0 & 0 & 0 \\
0 & 0 & 0 & 0 & 0 & 0 & 0 & 0 \\
0 & 0 & 0 & 0 & 0 & 0 & 0 & 0 \\
0 & 0 & 0 & 0 & 0 & 0 & 0 & 0 \\
0 & 0 & 0 & 0 & 0 & 0 & 0 & 0
\end{bmatrix}
\begin{bmatrix}
\phi_x \\
\phi_y \\
\phi_z \\
D^{(y)} \\
D^{(z)} \\
D^{(x)} \\
\nabla^{(x)} \\
\nabla^{(y)}
\end{bmatrix}
+
\begin{bmatrix}
u_x \\
u_y \\
u_z \\
0 \\
0 \\
0 \\
0 \\
0
\end{bmatrix}
=
$$

$$
\begin{bmatrix}
& 1 & 0 & 0 \\
& 0 & 0 & 0 \\
A_1 & 0 & 0 & 0 \\
& 0 & 0 & 0 \\
& 0 & 0 & 0 \\
0 & & 0 & 0
\end{bmatrix}
X(t)
+
\begin{bmatrix}
U_1 \\
\\
\\
0
\end{bmatrix}
\tag{4.85}
$$

式中

$$
A_1 =
\begin{bmatrix}
0 & \Omega_A & -\Omega_N & 0 & 0 \\
-\Omega_A & 0 & 0 & 1 & 0 \\
\Omega_N & 0 & 0 & 0 & 1 \\
0 & 0 & 0 & 0 & 0 \\
0 & 0 & 0 & 0 & 0
\end{bmatrix}
$$

为分块矩阵 A 的方子阵；U_1 为 U 的子阵。

$$
\begin{bmatrix} Z_x \\ Z_y \end{bmatrix}
=
\begin{bmatrix}
0 & -g & 0 & 0 & 0 & 0 & 1 & 0 \\
g & 0 & 0 & 0 & 0 & 0 & 0 & 1
\end{bmatrix}
X(t)
+
\begin{bmatrix} W_x \\ W_y \end{bmatrix}
=
$$
$$
\begin{bmatrix} C_1 & C_2 \end{bmatrix} \ X(t) + W(t)
\tag{4.86}
$$

式中

$$
C_1 =
\begin{bmatrix}
0 & -g & 0 & 0 & 0 \\
g & 0 & 0 & 0 & 0
\end{bmatrix},
\quad
C_2 =
\begin{bmatrix}
0 & 1 & 0 \\
0 & 0 & 1
\end{bmatrix}
$$

为输出矩阵 C 的子阵。

对此系统做这样的线性变换,使得变换后的状态 ϕ_x^0 包含 $\nabla^{(y)}/g$,状态 ϕ_y^0 包含 $\nabla^{(x)}/g$,状态 ϕ_z^0 包含 $\nabla^{(x)}/\Omega_N$,为了对式(4.84)所描述的系统进行线性变换,总可以找到一个非奇异矩阵 T,

$$X^0 = T^{-1}X$$

$$\dot{X}^0 = T^{-1}ATX^0 + T^{-1}BU$$

$$Z^0 = CTX^0 + W$$

式中,X^0、Z^0 为新的状态矢量和输出矢量,这里选变换矩阵 T 为

$$T = \begin{bmatrix} I_5 & \vdots & L \\ \cdots & & \cdots \\ 0 & \vdots & I_3 \end{bmatrix} \tag{4.87}$$

其中

$$L = \begin{bmatrix} 0 & 0 & -1/g \\ 0 & +1/g & 0 \\ +1/\Omega_N & +\Omega_A/\Omega_N g & 0 \\ 0 & 0 & -\Omega_A/g \\ 0 & 0 & +\Omega_N/g \end{bmatrix}$$

I_3、I_5 分别为 3 维和 5 维单位阵。

由此,

$$T^{-1} = \begin{bmatrix} I_5^{-1} & \vdots & -I_5 L I_3^{-1} \\ \cdots & & \cdots \\ 0 & \vdots & I_3^{-1} \end{bmatrix} = \begin{bmatrix} I_5 & \vdots & -L \\ \cdots & & \cdots \\ 0 & \vdots & I_3 \end{bmatrix} \tag{4.88}$$

则根据相似变换公式,得变换后的状态方程和量测方程为

$$\left. \begin{aligned} \dot{X}^0(t) &= A^0 X^0(t) + U(t) \\ Z^0(t) &= C^0 X^0(t) + W(t) \end{aligned} \right\} \tag{4.89}$$

式中

$$X^0(t) = \begin{bmatrix} X_1^0 \\ \cdots \\ X_2^0 \end{bmatrix} = T^{-1}X(t) \tag{4.90a}$$

或以状态分量的形式表示为

$$\boldsymbol{X}^0(t) = \begin{bmatrix} 1 & 0 & 0 & 0 & 0 & 0 & 0 & +1/g \\ 0 & 1 & 0 & 0 & 0 & 0 & -1/g & 0 \\ 0 & 0 & 1 & 0 & 0 & -1/\Omega_N & -\Omega_A/\Omega_N g & 0 \\ 0 & 0 & 0 & 1 & 0 & 0 & 0 & +\Omega_A/g \\ 0 & 0 & 0 & 0 & 1 & 0 & 0 & -\Omega_N/g \\ & & & & & 1 & 0 & 0 \\ & & 0 & & & 0 & 1 & 0 \\ & & & & & 0 & 0 & 1 \end{bmatrix} \begin{bmatrix} \phi_x \\ \phi_y \\ \phi_z \\ D^{(y)} \\ D^{(z)} \\ D^{(x)} \\ \nabla^{(x)} \\ \nabla^{(y)} \end{bmatrix} =$$

$$\begin{bmatrix} \phi_x + \nabla^{(y)}/g \\ \phi_y - \nabla^{(x)}/g \\ \phi_z - \dfrac{D^{(x)}}{\Omega_N} - \dfrac{\Omega_A}{\Omega_N}\dfrac{\nabla^{(x)}}{g} \\ D^{(y)} + \Omega_A \nabla^{(y)}/g \\ D^{(z)} - \Omega_A \nabla^{(y)}/g \\ D^{(x)} \\ \nabla^{(x)} \\ \nabla^{(y)} \end{bmatrix} = \begin{bmatrix} \boldsymbol{X}_1^0(t) \\ \\ \\ \\ ---- \\ \\ \\ \boldsymbol{X}_2^0(t) \end{bmatrix} \tag{4.90b}$$

由此可得

$$\boldsymbol{X}_1^0(t) = \begin{bmatrix} \phi_x^0 \\ \phi_y^0 \\ \phi_z^0 \\ D^{0(y)} \\ D^{0(z)} \end{bmatrix} = \begin{bmatrix} \phi_x + \nabla^{(y)}/g \\ \phi_y - \nabla^{(x)}/g \\ \phi_z - \dfrac{D^{(x)}}{\Omega_N} - \dfrac{\Omega_A}{\Omega_N}\dfrac{\nabla^{(x)}}{g} \\ D^{(y)} + \Omega_A \nabla^{(y)}/g \\ D^{(z)} - \Omega_A \nabla^{(y)}/g \end{bmatrix} \tag{4.91}$$

和

$$\boldsymbol{X}_2^0(t) = \begin{bmatrix} D^{0(x)} \\ \nabla^{0(x)} \\ \nabla^{0(y)} \end{bmatrix} = \begin{bmatrix} D^{(x)} \\ \nabla^{(x)} \\ \nabla^{(y)} \end{bmatrix} \tag{4.92}$$

经计算可得

$$A^{(0)} = T^{-1}AT = \begin{bmatrix} A_1 & 0 \\ \hline 0 & 0 \end{bmatrix} \tag{4.93}$$

$$C^0 = CT = \begin{bmatrix} C_1 & 0 \end{bmatrix} \tag{4.94}$$

由以上各式可看出,上述变换后的系统[它与原系统式(4.84)是等价的]可分解为两个子系统。

子系统 1 的状态为 $X_1^0(t)$,状态方程和量测方程为

$$\left. \begin{aligned} \dot{X}_1^0 &= A_1 X_1^0(t) + U_1(t) \\ Z^0(t) &= C_1 X_1^0(t) + W(t) \end{aligned} \right\} \tag{4.95}$$

子系统 2 的状态为 $X_2(t)$,状态方程为

$$\dot{X}_2 = 0 \tag{4.96}$$

由此,式(4.95)可写成

$$\left. \begin{aligned} \dot{X}^{(0)} &= \begin{bmatrix} A_1 & 0 \\ \hline 0 & 0 \end{bmatrix} \begin{bmatrix} X_1^0(t) \\ \hline X_2^0(t) \end{bmatrix} + \begin{bmatrix} U_1 \\ \hline 0 \end{bmatrix} \\ Z^0 &= \begin{bmatrix} C_1 & 0 \end{bmatrix} \begin{bmatrix} X_1^0(t) \\ \hline X_2^0(t) \end{bmatrix} + \begin{bmatrix} W \end{bmatrix} \end{aligned} \right\} \tag{4.97}$$

子系统 2 由 $D^{(x)}$、$\nabla^{(x)}$、$\nabla^{(y)}$ 组成,它们分别代表东向陀螺仪 $G^{(x)}$ 的漂移和两个加速度计的零偏,在整个测量中是常值。因此子系统 2 本身是稳定的,但不是渐进稳定的。系统的测量与 $X_1^0(t)$ 无关,因此 $X_2(t)$ 是不可观测的。

子系统 1 是可观测的,因为系统完全随机可观测的充分必要条件是可观矩阵 N 的秩为 n(n 为系统的阶次)。即

$\text{rank} N =$

$\quad \text{rank} \begin{bmatrix} C_1^T & A_1^T C_1^T & (A_1^T)^2 C_1^T & \cdots & ((A_1^T)^{n-1} C_1^T) \end{bmatrix}$

$\quad = n \tag{4.98}$

实际上根据式(4.98)只要计算出 $\begin{bmatrix} C_1^T & A_1^T C_1^T & (A_1^T)^2 C_1^T \end{bmatrix}$ 的秩,就可以判别系统是否是可观的。

因为

$$\boldsymbol{C}_1^{\mathrm{T}} = \begin{bmatrix} 0 & g \\ -g & 0 \\ 0 & 0 \\ 0 & 0 \\ 0 & 0 \end{bmatrix}$$

$$\boldsymbol{A}_1^{\mathrm{T}} \boldsymbol{C}_1^{\mathrm{T}} = \begin{bmatrix} \Omega_{\mathrm{A}} & 0 \\ 0 & \Omega_{\mathrm{A}} g \\ 0 & -\Omega_{\mathrm{N}} g \\ -g & 0 \\ 0 & 0 \end{bmatrix}$$

$$(\boldsymbol{A}_1^{\mathrm{T}})^2 = \begin{bmatrix} -\Omega_{\mathrm{A}}^2 - \Omega_{\mathrm{N}}^2 & 0 & 0 & 0 & 0 \\ 0 & -\Omega_{\mathrm{A}}^2 & \Omega_{\mathrm{N}}\Omega_{\mathrm{A}} & 0 & 0 \\ 0 & \Omega_{\mathrm{N}}\Omega_{\mathrm{A}} & -\Omega_{\mathrm{N}}^2 & 0 & 0 \\ \Omega_{\mathrm{A}} & 0 & 0 & 0 & 0 \\ -\Omega_{\mathrm{N}} & 0 & 0 & 0 & 0 \end{bmatrix}$$

$$(\boldsymbol{A}_1^{\mathrm{T}})^2 \boldsymbol{C}_1^{\mathrm{T}} = \begin{bmatrix} 0 & -(\Omega_{\mathrm{A}}^2 + \Omega_{\mathrm{N}}^2) g \\ +\Omega_{\mathrm{A}}^2 g & 0 \\ -\Omega_{\mathrm{A}}\Omega_{\mathrm{N}} g & 0 \\ 0 & \Omega_{\mathrm{A}} g \\ 0 & -\Omega_{\mathrm{N}} g \end{bmatrix}$$

于是

$$\begin{bmatrix} \boldsymbol{C}_1^{\mathrm{T}} & \vdots & \boldsymbol{A}_1^{\mathrm{T}} \boldsymbol{C}_1^{\mathrm{T}} & \vdots & (\boldsymbol{A}_1^{\mathrm{T}})^2 \boldsymbol{C}_1^{\mathrm{T}} \end{bmatrix} =$$

$$\begin{bmatrix} 0 & g & \vdots & \Omega_{\mathrm{A}} g & 0 & \vdots & 0 & \Omega^2 g \\ -g & 0 & \vdots & 0 & \Omega_{\mathrm{A}} g & \vdots & \Omega_{\mathrm{A}}^2 g & 0 \\ 0 & 0 & \vdots & 0 & -\Omega_{\mathrm{N}} g & \vdots & -\Omega_{\mathrm{N}}\Omega_{\mathrm{A}} g & 0 \\ 0 & 0 & \vdots & -g & 0 & \vdots & 0 & \Omega_{\mathrm{A}} g \\ 0 & 0 & \vdots & 0 & 0 & \vdots & 0 & -\Omega_{\mathrm{N}} g \end{bmatrix}$$

其中,$\Omega^2 = \Omega_{\mathrm{A}}^2 + \Omega_{\mathrm{N}}^2$。计算由 1、2、3、4、6 列组成的 5×5 方阵,得

$$\begin{bmatrix} 0 & 1 & \Omega_A & 0 & -\Omega^2 \\ -1 & 0 & 0 & \Omega_A & 0 \\ 0 & 0 & 0 & -\Omega_N & 0 \\ 0 & 0 & -1 & 0 & \Omega_A \\ 0 & 0 & 0 & 0 & -\Omega_N \end{bmatrix} = \Omega_N^2 \qquad (4.99)$$

即 $\det[\boldsymbol{C}_1^T \quad \vdots \quad \boldsymbol{A}_1^T\boldsymbol{C}_1^T \quad \vdots \quad (\boldsymbol{A}_1^T)^2\boldsymbol{C}_1^T] = \Omega_N \neq 0$。这说明可观矩阵 $\boldsymbol{N}$ 的秩等于系统的阶数 $\mathrm{rank}\boldsymbol{N} = n = 5$，只要 $\Omega_N \neq 0$（当纬度 $\phi \neq \pm 90°$），子系统就是可观测的。如果 $\Omega_N = 0$，罗经效应 $\phi_z\Omega_N$ 亦为零，故无法以罗经法进行方位对准。这时，方位误差与方位陀螺仪的漂移是不可观测的，所以在高纬度地区不能用罗经法进行方位对准。

综上所述，变换后的系统分为可观测的和不可观测的两个子系统，这两个子系统是彼此独立的。$\boldsymbol{X}_2^0(t)$ 不但本身是稳定的（因为 $D^{(x)}$、$\nabla^{(x)}$ $\nabla^{(y)}$ 在整个过程是常值），而且也不受 $\boldsymbol{X}_1^0(t)$ 的影响[见式 (4.97)]，同时 $\boldsymbol{X}_2^0(t)$ 也不影响 $\boldsymbol{X}_1^0(t)$。因此，可以去掉 $\boldsymbol{X}_2^0(t)$，仅用子系统 1 来估计 $\boldsymbol{X}_1^0(t)$ 的各个状态：ϕ_x^0、ϕ_y^0、ϕ_z^0 和 $D^{(y)}$、$D^{(z)}$。以变换后的状态估计作为原系统状态的估计是有误差的。这些误差就是这些不可观测的状态 $D^{(x)}$、$\nabla^{(x)}$、$\nabla^{(y)}$ 引起的。例如由式(4.91) 可得

$$\phi_x^0 = \phi_x + \nabla^{(y)}/g$$
$$\phi_y^0 = \phi_y - \nabla^{(x)}/g$$

如果 ϕ_x^0 和 ϕ_y^0 的估计 $\hat{\phi}_x^0$ 和 $\hat{\phi}_y^0$ 是正确的，则平台调平后剩下的误差角就是

$$\phi_x = -\nabla^{(y)}/g$$
$$\phi_y = \nabla^{(x)}/g$$

这与古典对准方案的结论是一致的。

因为子系统 1 的系统矩阵 $\boldsymbol{A}_1$ 和量测矩阵 $\boldsymbol{C}_1$ 分别为原系统矩阵 $\boldsymbol{A}$ 和量测矩阵 $\boldsymbol{C}$ 的子阵，所以，为进行卡尔曼滤波，子系统的状态方程和量测方程可直接从原系统方程(4.85)和量测方程(4.86)列写，即

$$
\begin{bmatrix}
\dot{\phi}_x^0 \\
\dot{\phi}_y^0 \\
\dot{\phi}_z^0 \\
\dot{D}^{0(y)} \\
\dot{D}^{0(x)}
\end{bmatrix}
=
\begin{bmatrix}
0 & \Omega_A & -\Omega_N & 0 & 0 \\
-\Omega_A & 0 & 0 & 1 & 0 \\
\Omega_N & 0 & 0 & 0 & 1 \\
0 & 0 & 0 & 0 & 0 \\
0 & 0 & 0 & 0 & 0
\end{bmatrix}
\begin{bmatrix}
\phi_x^0 \\
\phi_y^0 \\
\phi_z^0 \\
D^{0(y)} \\
D^{0(z)}
\end{bmatrix}
+
\begin{bmatrix}
u_x \\
u_y \\
u_z \\
0 \\
0
\end{bmatrix}
\tag{4.100}
$$

$$
\begin{bmatrix}
Z_x \\
Z_y
\end{bmatrix}
=
\begin{bmatrix}
0 & -g & 0 & 0 & 0 \\
+g & 0 & 0 & 0 & 0
\end{bmatrix}
\begin{bmatrix}
\phi_x^0 \\
\phi_y^0 \\
\phi_z^0 \\
D^{0(y)} \\
D^{0(z)}
\end{bmatrix}
+
\begin{bmatrix}
W_x \\
W_y
\end{bmatrix}
\tag{4.101}
$$

4.2.3.3 卡尔曼滤波的应用

采用卡尔曼滤波器进行初始对准的实质,就是通过观测向量 $\boldsymbol{Z}$ 的滤波,求出平台误差角的状态向量 $\boldsymbol{X}$ 的最优估计 $\hat{\boldsymbol{X}}$。然后利用这个估计 $\hat{\boldsymbol{X}}$ 给陀螺仪加矩,使平台向相反方向转动 ϕ_x、ϕ_y 和 ϕ_z 角,从而完成平台自对准任务。平台最优自对准的原理如图 4.19 所示。

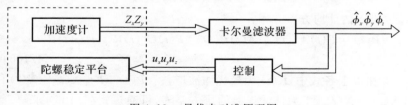

图 4.19 最优自对准原理图

图中,Z_x 和 Z_y 分别为 X、Y 加速度计的输出量;$\hat{\phi}_x$、$\hat{\phi}_y$、$\hat{\phi}_z$ 分别为平台绕 OX、OY、OZ 轴的误差角的最优估计;u_x、u_y、u_z 分别为平台绕三个轴的指令角速度。

由图可知,加速度计的输出 Z_x、Z_y 是系统的观测量,通过卡尔曼滤波器,可精确估计出平台的误差角 $\hat{\phi}_x$、$\hat{\phi}_y$、$\hat{\phi}_z$,利用此误差角,根据最优控制规律,形成一定的控制量 u_x、u_y、u_z,使平台转动 ϕ_x、ϕ_y、ϕ_z

角,从而完成最优的对准。

利用卡尔曼滤波器进行最优自对准可以有开环方案和闭环方案两种。

1. 开环卡尔曼自对准方案

开环卡尔曼自对准方案的实质是:在估算过程中只对状态进行估计,而不对平台进行反馈控制。待估计结束后,得到精确的平台误差角时,最后再给陀螺仪加矩,使平台一次校正完毕。因此在开环对准时,不考虑状态方程中的控制项 $U(t_0)$。在这种情况下,系统的状态方程和量测方程根据式(4.95),具有以下形式(略去下标):

$$\dot{X}(t) = A(t)X(t)$$
$$Z(t) = C(t)X(t) + W(t)$$

$$(4.102)$$

式(4.102)是初始自对准的连续方程,对应的卡尔曼滤波方程组如下:

(1) 滤波计算方程:

$$\dot{\hat{X}}(t) = A(t)\hat{X}(t) + K(t)[Z(t) - C(t)\hat{X}(t)] \quad (4.103)$$

(2) 增益方程:

$$K(t) = P(t)C^T(t)R^{-1}(t) \quad (4.104)$$

(3) 估计均方差方程:

$$\dot{P}(t) = P(t)A^T(t) + A(t)P(t) - P(t)C^T(t)R^{-1}(t)C(t)P(t)$$

$$(4.105)$$

在以上各式中,$K(t)$ 为最优滤波增益。$P(t) = E\{[X(t) - \hat{X}(t)][X(t) - \hat{X}(t)]^T\}$ 为估计误差的协方差阵,可通过式(4.105)求解。$R(t)$ 为量测噪声 $W(t)$ 的方差强度阵,要求 $R(t)$ 为正定矩阵。

此外为求解方程式(4.103) ~ 式(4.105),需给出初始条件:初始估计均方误差 $P(0)$ 和初始状态估计 $\dot{X}(0)$。

由上述系统方程和卡尔曼滤波方程可绘出开环初始对准的方块图,如图4.20所示。

2. 闭环卡尔曼自对准方案

闭环卡尔曼自对准方案的实质是:在获得平台误差角的最优估

计 $\dot{X}(t)$ 后,将其作为较正量,反馈到平台系统中,以便将平台的误差角补偿掉,从而实现最优自对准。

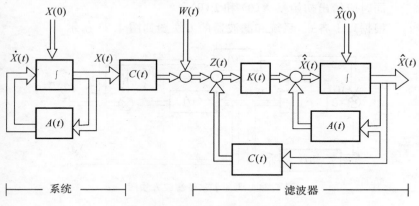

图 4.20　开环卡尔曼滤波方块图

在闭环卡尔曼滤波条件下,需把控制量 $U(t)$ 引入到状态方程中,以实现最优控制。这里由于最优估计问题和最优控制问题混在一起,应该按分离定理处理,即当考虑最优控制时,可以认为状态变量是已知的,以此求出最优控制规律。考虑最优估计时,应把控制量 $U(t)$ 看成是已知的,以此求出各时刻的状态估计。采用估计 $\dot{X}(t)$ 直接反馈时,系统的状态方程和量测方程为

$$\left.\begin{array}{l} \dot{X}(t) = A(t)X(t) + U(t) \\ Z(t) = C(t)X(t) + W(t) \end{array}\right\} \qquad (4.106)$$

反馈控制方程为

$$U(t) = -K(t)Z(t) \qquad (4.107)$$

以此可实现二次指标函数 J 为最小。

而

$$K(t) = P(t)C^{\mathrm{T}}(t)R^{-1}(t) \qquad (4.108)$$

$$\dot{P}(t) = P(t)A^{\mathrm{T}}(t) + A(t)P(t) - P(t)C^{\mathrm{T}}(t)R^{-1}(t)C(t)P(t)$$

$$(4.109)$$

则

$$\dot{\boldsymbol{X}}(t) = [\boldsymbol{A}(t) - \boldsymbol{K}(t)\boldsymbol{C}(t)]\boldsymbol{X}(t) - \boldsymbol{K}(t)\boldsymbol{W}(t) \qquad (4.110)$$

同时应给出初始量 $\boldsymbol{X}(0)$ 和 $\boldsymbol{P}(0)$。

根据以上各式,系统和滤波器的方块图如图 4.21 所示。

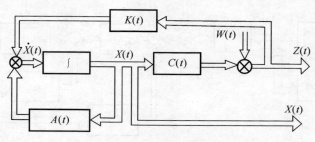

图 4.21　闭环卡尔曼滤波方块图

以上讨论了连续型卡尔曼滤波自对准问题,目的在于说明卡尔曼滤波在自对准中的应用和原理。实际上,一般都采用离散型系统和卡尔曼滤波器,或采用连续-离散型滤波方法,即系统为连续型,而量测则是离散型的。有关这方面更深入的内容请参阅有关文献。

4.3　捷联惯导系统自对准技术

4.3.1　概述

捷联惯导系统因结构简单、价格低廉、可靠性高而在战术导弹、飞机、舰船、地面车辆等载体上广泛应用,因此能适应捷联惯导系统的自对准技术有广阔的应用前景。捷联惯导系统自对准技术在理论分析上具有通用性,但在应用实现上会因载体不同而有所差异。本书主要以战术导弹为应用对象。

目前限制捷联惯导系统自对准技术实现与应用的关键因素是捷联惯导系统的精度。与平台惯导系统相比,捷联惯导系统最大的优势是价廉可靠,因此捷联惯导系统使用的惯性仪表精度一般比平台惯导系统低,使自对准精度难以满足方位对准精度要求,这是限制捷联惯导系统自对准技术实现与应用的关键因素。随着惯性仪表加工水平和生产能力的逐步提高,中高精度的惯性仪表必将广泛应用到捷联惯导系统中,使捷联惯导系统自对准技术的实现与应用成为可能。

除惯性仪表精度的限制外,捷联惯导系统自对准的实现难度也比平台式惯导系统大,主要原因有两点:一是惯性仪表直接和弹体固联,受弹体摇摆运动干扰影响大;二是无框架结构,实现位置转换精确测量难度大。

"双位置-零力矩"法自对准是平台惯导系统实现自对准的有效方法,并已成功运用。本节借鉴惯导平台"双位置-零力矩"法自对准的成功经验,研究捷联惯导系统应用"双位置-零力矩"法实现水平和方位自对准的方法,将平台惯导系统自对准与捷联惯导系统自对准统一起来,将适用于平台惯导系统自对准的一些方法和结论推广到捷联惯导系统的自对准技术应用中。

本节分析的是在弹体存在摇摆干扰的条件下,使调平和方位自对准方法误差较小,以充分利用惯导系统仪表精度,同时满足快速性和对准精度要求。首先介绍捷联惯导系统数学平台的计算方法,然后以数学平台为基础,分析捷联惯导系统实现"双位置-零力矩"法自对准的方法,以及弹体转角精确测量的方法,最后分析同时估计水平误差和漂移角速率,实现快速调平和方位对准的方法,并分析本方案的调平和方位自对准精度。

4.3.2　捷联惯导系统数学平台的计算

捷联式惯导系统陀螺仪和加速度计直接安装在弹体上,与弹体固联,"捷联"之名由此而来。捷联惯导系统仍属于平台-计算机制导方案,只是其平台不再像平台式惯导系统那样有实实在在的台体存在,而是以数学平台的概念体现在制导计算机中,并用弹体坐标系到导航坐标系的关系矩阵——姿态余弦矩阵来表示。捷联惯导系统制导原理如图 4.22 所示。

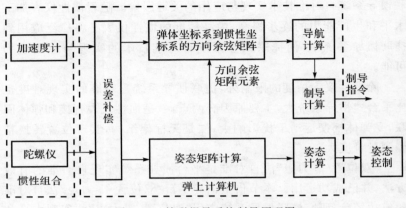

图 4.22　捷联惯导系统制导原理图

　　由图 4.22 可见,代表数学平台的姿态余弦矩阵的计算是捷联惯导系统姿态控制以及导航与制导计算的基础,而且由后面关于捷联惯导系统调平与自对准原理分析可知,姿态余弦矩阵计算也是实现调平和自对准的基础。

　　姿态余弦矩阵的表示形式与姿态角的定义有关。导航坐标系一般采用惯性坐标系,它是导弹起飞瞬间的发射坐标系。设惯性坐标系为 $OX_iY_iZ_i$,弹体坐标系为 $OX_bY_bZ_b$。数学平台计算初始时刻惯性坐标系与发射坐标系完全一致,而弹体坐标系定义为 OX_b 沿弹轴线向上,OY_b 指向弹体法向,OZ_b 指向弹体横向。设弹体坐标系由惯性坐标系经三次旋转得到,首先绕 OX_i 旋转 α 角到 $OX_1Y_1Z_1$,然后绕 OY_1 旋转 β 角到 $OX_2Y_2Z_2$,最后绕 OZ_2 旋转 γ 角到 $OX_bY_bZ_b$,如图 4.23 所示。

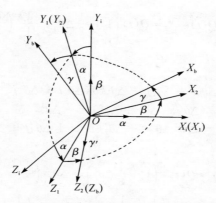

图 4.23　弹体坐标系与惯性坐标系的关系

按如图 4.23 旋转顺序转换时,弹体坐标系到惯性坐标系的姿态余弦矩阵表达式为

$$C_b^i = \begin{bmatrix} \cos\beta\cos\gamma & -\cos\beta\sin\gamma & \sin\beta \\ \sin\alpha\sin\beta\cos\gamma + \cos\alpha\sin\gamma & -\sin\alpha\sin\beta\sin\gamma + \cos\alpha\cos\gamma & -\sin\alpha\cos\beta \\ -\cos\alpha\sin\beta\cos\gamma + \sin\alpha\sin\gamma & \cos\alpha\sin\beta\sin\gamma + \sin\alpha\cos\gamma & \cos\alpha\cos\beta \end{bmatrix} =$$

$$\begin{bmatrix} C_{11} & C_{12} & C_{13} \\ C_{21} & C_{22} & C_{23} \\ C_{31} & C_{32} & C_{33} \end{bmatrix} \qquad (4.111)$$

姿态余弦矩阵的计算常采用四元数法。用四元数描述绕定点转动的微分方程为

$$\dot{Q} = \omega Q / 2 \qquad (4.112)$$

其中四元数 $Q = \begin{bmatrix} q_0 & q_1 & q_2 & q_3 \end{bmatrix}^T$,$\omega$ 为角速率矢量。式(4.112)的解为

$$Q(t + \Delta t) = Q(t) \exp \int_t^{t+\Delta t} \omega / 2 \mathrm{d}t \qquad (4.113)$$

因为

$$\int_t^{t+\Delta t} \omega \, \mathrm{d}t = \Delta\theta = \Delta\theta_x \boldsymbol{i} + \Delta\theta_y \boldsymbol{j} + \Delta\theta_z \boldsymbol{k} \qquad (4.114)$$

将 $\Delta\theta$ 在 $t \sim t + \Delta t$ 期间内的角度增量值代入得

$$Q(t+\Delta t)=Q(t)\mathrm{e}^{\frac{1}{2}\Delta\boldsymbol{\theta}}=Q(t)\left[1+\frac{1}{2}\Delta\boldsymbol{\theta}+\frac{1}{2!}\left(\frac{1}{2}\Delta\boldsymbol{\theta}\right)^2+\cdots\right]$$

$$(4.115)$$

由于

$$\Delta\boldsymbol{\theta}^2=(\Delta\theta_x\boldsymbol{i}+\Delta\theta_y\boldsymbol{j}+\Delta\theta_z\boldsymbol{k})(\Delta\theta_x\boldsymbol{i}+\Delta\theta_y\boldsymbol{j}+\Delta\theta_z\boldsymbol{k})=$$
$$-(\Delta\theta_x^2+\Delta\theta_y^2+\Delta\theta_z^2)=-\Delta\theta_j^2 \qquad (4.116)$$

$$\Delta\boldsymbol{\theta}^3=\Delta\boldsymbol{\theta}^2\Delta\boldsymbol{\theta}=-\Delta\theta_j^2(\Delta\theta_x\boldsymbol{i}+\Delta\theta_y\boldsymbol{j}+\Delta\theta_z\boldsymbol{k}) \qquad (4.117)$$

所以

$$Q(t+\Delta t)=Q(t)\left[\left(1-\frac{1}{8}\Delta\theta_j^2\right)+\Delta\theta_{x_1}\left(\frac{1}{2}-\frac{1}{48}\Delta\theta_j^2\right)\boldsymbol{i}+\right.$$
$$\left.\Delta\theta_{y_1}\left(\frac{1}{2}-\frac{1}{48}\Delta\theta_j^2\right)\boldsymbol{j}+\Delta\theta_{z_1}\left(\frac{1}{2}-\frac{1}{48}\Delta\theta_j^2\right)\boldsymbol{k}+\cdots\right]$$

$$(4.118)$$

整理成矩阵形式,且令 $\Delta t=T$ 为采样周期,$Q(t)$ 为前一周期之四元数值,j 表示本周期,$j-1$ 表示前一个采样周期,则得四元数递推解的标量式为

$$\begin{bmatrix}q_0\\q_1\\q_2\\q_3\end{bmatrix}_j=\begin{bmatrix}q_0&-q_1&-q_2&-q_3\\q_1&q_0&-q_3&q_2\\q_2&q_3&q_0&-q_1\\q_3&-q_2&q_1&q_0\end{bmatrix}_{j-1}\begin{bmatrix}1-\Delta\theta_j^2/8\\\left(\dfrac{1}{2}-\dfrac{1}{48}\Delta\theta_j^2\right)\Delta\theta_x\\\left(\dfrac{1}{2}-\dfrac{1}{48}\Delta\theta_j^2\right)\Delta\theta_y\\\left(\dfrac{1}{2}-\dfrac{1}{48}\Delta\theta_j^2\right)\Delta\theta_z\end{bmatrix}$$

$$(4.119)$$

由式(4.119)看出,只要测得弹体系中 3 个轴向的角度增量,就能很方便地连续递推计算四元数 Q 的值。姿态余弦矩阵与四元数关系为

$$\boldsymbol{C}_b^i=\begin{bmatrix}q_0^2+q_1^2-q_2^2-q_3^2&2(q_1q_2-q_0q_3)&2(q_0q_2+q_1q_3)\\2(q_1q_2+q_0q_3)&q_0^2+q_2^2-q_1^2-q_3^2&2(q_2q_3-q_0q_1)\\2(q_1q_3-q_0q_2)&2(q_0q_1+q_2q_3)&q_0^2+q_3^2-q_1^2-q_2^2\end{bmatrix}$$

$$(4.120)$$

　　因此,实时求得四元数的值后,就可由式(4.120)计算得到姿态余弦矩阵。

　　式(4.119)四元数的递推计算必须确定初值,即赋予初始制导坐标系。根据不同的应用背景采用不同的方法赋予制导坐标系初值。当知道弹体坐标系相对发射坐标系的误差角时,可由式(4.111)计算得到初始姿态余弦矩阵,然后根据式(4.111)和式(4.120)的对应关系计算得到四元数的初值。而对于本文讨论的自对准,初始误差角并不知道,则可以假设不存在初始误差角。此时弹体坐标系由导航坐标系绕 Z_i 轴旋转90°得到,满足假设条件的初始姿态余弦矩阵为

$$\boldsymbol{C}_b^i = \begin{bmatrix} 0 & -1 & 0 \\ 1 & 0 & 0 \\ 0 & 0 & 1 \end{bmatrix} \tag{4.121}$$

　　根据式(4.120)和式(4.121)表示的姿态余弦矩阵与四元数各元素之间的关系,可求得不存在初始误差时的四元数初始值为 $q_0 = \sqrt{2}/2, q_3 = -\sqrt{2}/2, q_1 = q_2 = 0$。然后以此为初值,就可以由实时测量的角度增量递推求解得到每一时刻的四元数值,并由式(4.120)求得姿态余弦矩阵。

　　由姿态余弦矩阵表达式(4.111)可以得到求解姿态角的表达式。当导弹处于起竖状态时,γ 接近于90°,而另两个角度接近于 0,在此条件下,由式(4.111)可直接得到三个姿态角的计算公式为

$$\left. \begin{aligned} \alpha &= -\arctan(C_{23}/C_{33}) \\ \beta &= \arcsin(C_{13}) \\ \gamma &= -\arctan(C_{12}/C_{11}) \end{aligned} \right\} \tag{4.122}$$

4.3.3　捷联惯导系统"双位置-零力矩"法自对准

　　当处于理想的静止状态时,捷联惯导系统并不需要采用零力矩法来估计漂移和水平倾角,由陀螺仪输出和加速度计输出可直接估计漂移角速率和水平倾角,且漂移估计不受加速度计测量噪声的影

响,水平倾角估计不受陀螺仪测量噪声的影响。之所以采用零力矩法估计漂移角速率和水平倾角是为了消除外干扰,因为理想的静止状态只有在实验室才有可能实现,而捷联惯导系统的应用环境一般都不是理想的静止状态。如战术导弹静基座发射时,虽然发射基座是不动的,但弹体却会因阵风干扰而产生摇摆。此时如果直接由陀螺仪输出估计漂移角速率、由加速度计输出估计水平倾角,则因干扰影响而使估计精度大大降低。而采用零力矩法可以利用加速度计和陀螺仪同时敏感外干扰而实现类似平台式惯导系统隔离角运动的功能,并且可以方便地采用干扰对消技术对消弹体摇摆干扰,使漂移角速率和水平倾角估计精度达到接近于理想静态的水平。因此,零力矩法是实现捷联惯导系统快速精确解析调平和方位自对准的有效方法。

从平台惯导系统"双位置-零力矩"法自对准步骤可以看出,实现捷联惯导系统"双位置-零力矩"法自对准必须完成三项工作:解析调平、用数学平台实现零力矩法漂移估计、精确位置转换。捷联惯导系统不存在物理调平,而是通过导弹起竖后垂直度调整使惯导系统处于基本水平状态。自对准位置的漂移角速率和垂直度调整后的剩余水平倾角可由零力矩法并采用与惯导平台相同的估计算法估计得到。为了保证水平倾角和漂移角速率估计精度,应用干扰对消技术消除摇摆干扰的影响。精确位置转换的关键在于位置转换角度的精确测量,这可由姿态余弦矩阵计算或将弹体旋转角速率投影到天向轴并积分实现。

4.3.3.1 捷联惯导系统零力矩法解析调平与漂移角速率估计

虽然捷联惯导系统与平台惯导系统有明显的差别,但二者实现调平和方位对准的基本原理是完全一致的,差别仅在于调平的表现方式和实现方位对准的方式。首先,框架平台调平是使代表平台坐标系水平面的二轴以要求精度调整到发射点大地水平面内,如将代表水平面的两块水平加速度计的输入轴调整到水平面内。而捷联惯导系统调平是实时精确计算代表弹体坐标系水平面的二轴相对真实水平面的倾角,并不是真实地将代表水平面的基准轴调整到水平面内,因而称之为解析调平。其次,捷联惯导系统方位自对准因为缺少活动框架只能采用解析对准(解析求得方位角后,可转动弹体使导弹方位轴粗略对准射向,实现物理粗略对准),而平台惯导系统既可采用解析对准,也可采用方位罗经物理对准。

1. 解析调平和零力矩法漂移测试

捷联惯导系统调平与零力矩法方位对准相对平台惯导系统存在差别。第一是零力矩法的概念不同。在平台惯导系统中,采用零力矩法实现方位对准具有明确的物理意义,而捷联惯导系统不存在可转动的框架结构,不可能物理加矩,因而只能借用平台惯导系统零力矩法的概念,而并不是捷联惯导系统存在物理加矩的可能。第二是漂移的表现方式不同。在平台惯导系统中,零力矩法将使平台坐标系相对发射坐标系产生真实的角度变化,即平台台体相对地球的表观运动。而捷联惯导系统的平台坐标系只是数学意义上的平台,平台漂移只是平台坐标系相对发射坐标系的变化,并不存在惯性测量元件输入轴相对发射坐标系的角度变化。因此,捷联惯导系统在用零力矩法估计漂移角速率和水平倾角时不存在交叉耦合项(当存在摇摆干扰时,将会存在交叉耦合漂移。由于摇摆干扰是随机的,所以只能计算出摇摆角并实时补偿,不能用固定的表达式描述)。

采用"双位置-零力矩"法实现方位自对准,关键在于精确估计发射坐标系水平轴向的漂移角速率。当已获得两位置的水平轴向漂移角速率时,就可按与平台惯导系统"双位置-零力矩"法相类似的计算公式估计初始方位角。调平功能既可采用与模拟调平回路相类似的方法实现,也可利用零力矩法的估计结果和计算数学平台实现。

由于数学平台表示的是弹体坐标系与惯性坐标系之间的关系,而水平和方位对准参考坐标系是发射坐标系,因此研究捷联惯导系统零力矩法调平和方位对准要用到弹体坐标系、发射坐标系和惯性坐标系,三者关系如图 4.24 所示。

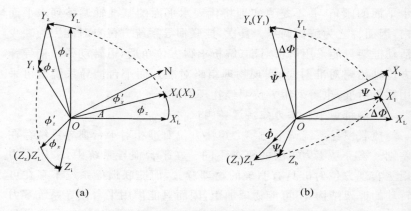

图 4.24 弹体坐标系、发射坐标系和惯性坐标系的关系
(a)发射系与惯性系的关系; (b)弹体系与发射系的关系

由图 4.24(a)可知,当初始时刻惯性坐标系与发射坐标系重合,且天向轴锁定时,惯性坐标系可由发射坐标系经两次旋转得到,二者的关系矩阵为(当为小角时,则可作最后一步的近似)

$$\boldsymbol{C}_1^i = \begin{bmatrix} 1 & 0 & 0 \\ 0 & \cos\phi_x & \sin\phi_x \\ 0 & -\sin\phi_x & \cos\phi_x \end{bmatrix} \begin{bmatrix} \cos\phi_z & \sin\phi_z & 0 \\ -\sin\phi_z & \cos\phi_z & 0 \\ 0 & 0 & 1 \end{bmatrix} =$$

$$\begin{bmatrix} \cos\phi_z & \sin\phi_z & 0 \\ -\cos\phi_x\sin\phi_z & \cos\phi_x\cos\phi_z & \sin\phi_x \\ \sin\phi_x\sin\phi_z & -\sin\phi_x\cos\phi_z & \cos\phi_x \end{bmatrix} \approx$$

$$\begin{bmatrix} 1 & \phi_z & 0 \\ -\phi_z & 1 & \phi_x \\ 0 & -\phi_x & 1 \end{bmatrix} \tag{4.123}$$

由图 4.24(b)可知,在静基座条件下,弹体坐标系可由发射坐标系经如图所示的两次旋转得到,二者的关系矩阵为(当为小角时,可作最后一步近似)

$$C_1^b = \begin{bmatrix} \cos\Psi & 0 & \sin\Psi \\ 0 & 1 & 0 \\ -\sin\Psi & 0 & \cos\Psi \end{bmatrix} \begin{bmatrix} -\sin\Delta\Phi & \cos\Delta\Phi & 0 \\ -\cos\Delta\Phi & -\sin\Delta\Phi & 0 \\ 0 & 0 & 1 \end{bmatrix} =$$

$$\begin{bmatrix} -\cos\Psi\sin\Delta\Phi & \cos\Psi\cos\Delta\Phi & \sin\Psi \\ -\cos\Delta\Phi & -\sin\Delta\Phi & 0 \\ \sin\Psi\sin\Delta\Phi & -\sin\Psi\cos\Delta\Phi & \cos\Psi \end{bmatrix} \approx$$

$$\begin{bmatrix} -\Delta\Phi & 1 & \Psi \\ -1 & -\Delta\Phi & 0 \\ 0 & -\Psi & 1 \end{bmatrix} \tag{4.124}$$

当角度为小角时,弹体坐标系与惯性坐标系的关系矩阵为

$$C_b^i = C_1^i C_b^1 = \begin{bmatrix} -\Delta\Phi + \phi_z & -1 & 0 \\ 1 & -\Delta\Phi + \phi_z & -\Psi + \phi_x \\ \Psi - \phi_x & 0 & 1 \end{bmatrix} \tag{4.125}$$

　　由于导弹处于静基座状态,因此式(4.124)所表示的弹体坐标系与发射坐标系的关系矩阵是不存在方位误差角时的真实数学平台,而式(4.123)是不存在水平误差角和方位误差角的条件下发射坐标系与惯性坐标系的关系矩阵,也就是计算数学平台,可用 4.3.2 节讨论的递推算法由惯性测量组合速率陀螺仪的输出计算得到。而式(4.125)表示的是计算数学平台与真实数学平台之差,也就是将陀螺漂移和地速当作真实的运动角速率时的数学平台,等价于平台惯导系统零力矩状态的平台坐标系。该矩阵由两部分组成:一部分是弹体坐标系相对发射坐标系的水平倾角。另一部分是漂移角,即由于陀螺仪漂移和地速通过计算产生的角度。真实数学平台表现为惯性组合加速度计的输出加速度,而计算数学平台乘以重力矢量也可表示成加速度的形式。因此,将计算加速度与加速度计输出的加速度求差,其差值相当于平台惯导系统零力矩状态加速度计的输出,就可由加速度之差表示弹体坐标系与惯性坐标系关系,这就是捷联惯导系统零力矩法测试漂移的基本原理。

　　在静基座条件下,速率陀螺仪输出的角速率包括地速和陀螺仪

漂移,当存在外干扰时还包括外干扰角速率。设发射坐标系 X_L 轴相对北向夹角为 A,则由弹体坐标系与发射坐标系关系可知,地速和重力加速度在弹体坐标系上的投影分别为

$$\begin{bmatrix} \omega_{bx} \\ \omega_{by} \\ \omega_{bz} \end{bmatrix} = C_L^b \begin{bmatrix} \Omega_N \cos A \\ \Omega_A \\ -\Omega_N \sin A \end{bmatrix} = \begin{bmatrix} \Omega_A - \Delta\Phi\Omega_N \cos A - \Psi\Omega_N \sin A \\ -\Omega_N \cos A - \Delta\Phi\Omega_A \\ -\Omega_N \sin A - \Psi\Omega_A \end{bmatrix}$$

$$(4.126)$$

$$\begin{bmatrix} g_{bx} \\ g_{by} \\ g_{bz} \end{bmatrix} = C_L^b \begin{bmatrix} 0 \\ g \\ 0 \end{bmatrix} = \begin{bmatrix} g \\ -g\Delta\Phi \\ -g\Psi \end{bmatrix} \qquad (4.127)$$

和平台惯导系统相类似,在静基座且水平两轴基本水平条件下,捷联惯导系统自对准时陀螺仪漂移模型可取为

$$\varepsilon = D_0 + D_1 g_{bx} + D_2 g_{by} + D_3 g_{bz} \qquad (4.128)$$

之所以用弹体坐标系加速度分量来表示漂移模型,是因为捷联惯导系统陀螺仪与弹体固联,用弹体坐标系轴向加速度表示漂移模型更直接方便,且与第 2 章讨论的陀螺仪误差模型各系数的物理含义有对应关系。则当安装误差已补偿时,捷联惯性测量组合陀螺仪输出角速率应为

$$\begin{bmatrix} \omega_{gx} \\ \omega_{gy} \\ \omega_{gz} \end{bmatrix} = \begin{bmatrix} D_{0x} \\ D_{0y} \\ D_{0z} \end{bmatrix} + \begin{bmatrix} D_{1x} & D_{2x} & D_{3x} \\ D_{1y} & D_{2y} & D_{3y} \\ D_{1z} & D_{2z} & D_{3z} \end{bmatrix} \begin{bmatrix} g \\ -g\Delta\Phi \\ -g\Psi \end{bmatrix} +$$

$$\begin{bmatrix} \Omega_A - \Delta\Phi\Omega_N \cos A - \Psi\Omega_N \sin A \\ -\Omega_N \cos A - \Delta\Phi\Omega_A \\ -\Omega_N \sin A - \Psi\Omega_A \end{bmatrix} \qquad (4.129)$$

若计算数学平台时认为 ω_{gx} 等于零,则相当于方位轴锁定(当水平倾角为小角度时)。考虑到导弹机动发射时弹体可能存在横向摇摆运动角速率,因此弹体坐标系水平轴向陀螺仪输出的实际角速率为

$$\begin{bmatrix} \omega_{\text{gy}} \\ \omega_{\text{gz}} \end{bmatrix} = \begin{bmatrix} D_{0y} + D_{1y}g - \Delta\Phi D_{2y}g - \Psi D_{3y}g \\ D_{0z} + D_{1z}g - \Delta\Phi D_{2z}g - \Psi D_{3z}g \end{bmatrix} - $$
$$\begin{bmatrix} \Omega_{\text{N}}\cos A + \Delta\Phi\Omega_{\text{A}} \\ \Omega_{\text{N}}\sin A + \Psi\Omega_{\text{A}} \end{bmatrix} + \begin{bmatrix} \omega_{\text{dy}} \\ \omega_{\text{dz}} \end{bmatrix} \tag{4.130}$$

其中，ω_{dy}、ω_{dz} 为弹体摇摆运动干扰角速率。在假设不存在初始水平误差的条件下，弹体坐标系相对发射坐标系的计算水平倾角为

$$\begin{bmatrix} -\Psi' \\ \Delta\Phi' \end{bmatrix} = \begin{bmatrix} D_{0y} + D_{1y}g - \Delta\Phi D_{2y}g - \Psi D_{3y}g - \Omega_{\text{N}}\cos A - \Delta\Phi\Omega_{\text{A}} \\ D_{0z} + D_{1z}g - \Delta\Phi D_{2z}g - \Psi D_{3z}g - \Omega_{\text{N}}\sin A - \Psi\Omega_{\text{A}} \end{bmatrix} t + $$
$$\begin{bmatrix} \int_0^t \omega_{\text{dy}}\,\mathrm{d}t \\ \int_0^t \omega_{\text{dz}}\,\mathrm{d}t \end{bmatrix} \tag{4.131}$$

则计算得到的水平加速度计输出为

$$\begin{bmatrix} a'_{\text{yb}} \\ a'_{\text{zb}} \end{bmatrix} = \begin{bmatrix} -g\Delta\Phi' \\ -g\Psi' \end{bmatrix} \tag{4.132}$$

水平加速度计的实际输出为

$$\begin{bmatrix} a_{\text{yb}} \\ a_{\text{zb}} \end{bmatrix} = \begin{bmatrix} k_{0y} - \Delta\Phi g \\ k_{0z} - \Psi g \end{bmatrix} + \begin{bmatrix} a_{\text{dy}} \\ a_{\text{dz}} \end{bmatrix} \tag{4.133}$$

其中，a_{dy}、a_{dz} 为弹体摇摆产生的横法向加速度干扰，且真实的水平倾角

$$\left.\begin{aligned} \Delta\Phi &= \Delta\Phi_0 + \int_0^t \omega_{\text{dz}}\,\mathrm{d}t \\ \Psi &= \Psi_0 - \int_0^t \omega_{\text{dy}}\,\mathrm{d}t \end{aligned}\right\} \tag{4.134}$$

而 $\Delta\Phi_0$ 和 Ψ_0 是初始时刻的真实水平倾角。计算水平加速度与实际加速度计输出加速度之差为

$$\begin{bmatrix} \Delta a_{\text{yb}} \\ \Delta a_{\text{zb}} \end{bmatrix} = \begin{bmatrix} g\Delta\Phi_0 - k_{0y} \\ g\Psi_0 - k_{0z} \end{bmatrix} - $$
$$\begin{bmatrix} D_{0z} + D_{1z}g - \Delta\Phi D_{2z}g - \Psi D_{3z}g - \Omega_{\text{N}}\sin A - \Psi\Omega_{\text{A}} \\ \Omega_{\text{N}}\cos A + \Delta\Phi\Omega_{\text{A}} - D_{0y} - D_{1y}g + \Delta\Phi D_{2y}g + \Psi D_{3y}g \end{bmatrix} gt - $$

$$\begin{bmatrix} a_{\mathrm{dy}} \\ a_{\mathrm{dz}} \end{bmatrix} \tag{4.135}$$

经过上述步骤处理后,计算得到的加速度误差中不再包括因外干扰产生的弹体角运动引起的干扰,这和平台式惯导系统隔离角运动的原理是一致的。从计算公式看,除不存在交叉耦合项以外,其余各项与平台式惯导系统完全一致。将式(4.135)积分两次得

$$\begin{bmatrix} \Delta r_{\mathrm{yb}} \\ \Delta r_{\mathrm{zb}} \end{bmatrix} =$$

$$\begin{bmatrix} r_{y0} + v_{y0}t + (g\Delta\Phi_0 - k_{0y})t^2/2 - (D_{0z} + D_{1z}g - \Delta\Phi D_{2z}g - \Psi D_{3z}g - \Omega_{\mathrm{N}}\sin A - \Psi\Omega_{\mathrm{A}})gt^3/6 - r_{\mathrm{dy}} \\ r_{z0} + v_{z0}t + (g\Psi_0 - k_{0z})t^2/2 - (\Omega_{\mathrm{N}}\cos A + \Delta\Phi\Omega_{\mathrm{A}} - D_{0y} - D_{1y}g + \Delta\Phi D_{2y}g + \Psi D_{3y}g)gt^3/6 - r_{\mathrm{dz}} \end{bmatrix}$$

$$\tag{4.136}$$

其中,r_{dy}、r_{dz} 为弹体摇摆线运动位移。式(4.136)与平台式惯导系统补偿了交叉耦合项后的表达式相同,因此可以采用与平台式惯导系统相同的方法进行估计,而且不存在补偿交叉耦合项的问题,实现起来更简单。摇摆干扰的消除方法同样可以采用与平台惯导系统完全相同的干扰对消技术。由于捷联惯导系统相对平台惯导系统精度要低一些,自对准精度要求自然也低一些,因此采用摇摆半径一阶模型消噪即可满足要求。于是由计算数学平台计算得到姿态角,然后由计算得到的姿态角就可以很容易地对消弹体摇摆干扰。

当存在外干扰时,式(4.131)中的真实水平倾角不是常值,它们的表达式是式(4.134),因而式(4.131)的表达并不严格。不过由于真实水平倾角是理想静止状态水平倾角与摇摆角之和,且摇摆角是零均值的小角度,因摇摆角而引起的交叉耦合影响很小,因此在递推最小二乘估计未收敛稳定时,可以将真实水平倾角当作常值处理。当收敛稳定(约30 s)后,可由漂移角速率估计值计算出漂移角。然后姿态角减去漂移角就可实时估计出摇摆角,补偿摇摆角的影响后就只剩下初始水平倾角的影响。而且,当估计出漂移角速率后,也可以反推出收敛稳定前的摇摆角。然后用估计出的摇摆角补偿后再重复计算一次,可很好补偿摇摆角引起的交叉耦合漂移。因此,在方位计算公式中,将直接用初始水平倾角代替真实水平倾角。

2. 方位计算公式

设第一位置方位角为 A，位置转换所转过的角度为 ΔA；设第一位置初始时刻水平倾角为 $\Delta \Phi_{01}$ 和 Ψ_{01}，第二位置初始时刻水平倾角为 $\Delta \Phi_{02}$ 和 Ψ_{02}；并设第一位置拟合得到的二次项和三次项系数分别为 r_{y21}、r_{z21}、r_{y31} 和 r_{z31}，第二位置拟合得到的二次项和三次项系数分别为 r_{y22}、r_{z22}、r_{y32} 和 r_{z32}。则由式（4.136）可得

$$\left.\begin{aligned}
r_{y21} &= g\Delta\Phi_{01} - k_{0y} \\
r_{z21} &= g\Psi_{01} - k_{0z} \\
r_{y31} &= -(D_{0z} + D_{1z}g - \Delta\Phi_{01}D_{2z}g - \Psi_{01}D_{3z}g - \\
&\quad \Omega_{\mathrm{N}}\sin A - \Psi_{01}\Omega_{\mathrm{A}})g \\
r_{z31} &= -(\Omega_{\mathrm{N}}\cos A + \Delta\Phi_{01}\Omega_{\mathrm{A}} - D_{0y} - D_{1y}g + \\
&\quad \Delta\Phi_{01}D_{2y}g + \Psi_{01}D_{3y}g)g
\end{aligned}\right\} \quad (4.137)$$

$$\left.\begin{aligned}
r_{y22} &= g\Delta\Phi_{02} - k_{0y} \\
r_{z22} &= g\Psi_{02} - k_{0z} \\
r_{y32} &= -(D_{0z} + D_{1z}g - \Delta\Phi_{02}D_{2z}g - \Psi_{02}D_{3z}g - \\
&\quad \Omega_{\mathrm{N}}\sin(A + \Delta A) - \Psi_{02}\Omega_{\mathrm{A}})g \\
r_{z32} &= -(\Omega_{\mathrm{N}}\cos(A + \Delta A) + \Delta\Phi_{02}\Omega_{\mathrm{A}} - D_{0y} - D_{1y}g + \\
&\quad \Delta\Phi_{02}D_{2y}g + \Psi_{02}D_{3y}g)g
\end{aligned}\right\} \quad (4.138)$$

由式（4.137）和式（4.138）可以求得

$$\tan(A + \Delta A/2) =$$

$$\frac{(r_{z31} - r_{z32})/g + (r_{y21} - r_{y22})(D_{2y}g + \Omega_{\mathrm{A}})/g + (r_{z21} - r_{z22})D_{3y}}{(r_{y31} - r_{y32})/g - (r_{y21} - r_{y22})D_{2z} - (r_{z21} - r_{z22})(D_{3z}g + \Omega_{\mathrm{A}})/g}$$

$$(4.139)$$

若已知 Y、Z 陀螺仪的漂移系数 D_2、D_3，则由式（4.139）可以计算得到方位角的估计值。

3. 水平倾角的实时估计

由式（4.138）知，若已知加速度计的零位，则可估计出初始时刻的水平倾角。如果导弹处于理想的静止状态，则初始时刻的水平倾

角就是水平误差角。但由于导弹起竖状态存在阵风干扰,使导弹存在摇摆运动,从而使实时水平倾角并不是常值,而是随着弹体的摇摆运动而不断变化的。因此,调平的任务不能仅估计初始水平倾角,还必须估计出实时水平角的变化。由式(4.131)可知,使计算数学平台相对发射坐标系变化的因素中包括陀螺仪漂移、地速和弹体摇摆运动干扰产生的角度。因此,若能准确估计漂移角速率,并由此计算出漂移角度,则由计算数学平台计算得到的姿态角与漂移角之差就是弹体摇摆角的估计值。然后将初始水平倾角加上摇摆角,就可以得到水平倾角的实时估计值,从而实现解析调平功能。实现本方案解析调平的步骤如下:

(1)以水平倾角和方位角都为0作为初始条件,由惯性测量组合输出的角度增量采用四元数法递推计算数学平台。

(2)由计算数学平台计算水平加速度计的理论输出值与实际输出值之差,并积分得到位移序列,然后采用估计算法递推估计二次项和三次项系数。

(3)由二次项系数计算初始时刻的水平倾角,由三次项系数计算漂移角。

(4)由计算数学平台计算得到姿态角,减去漂移角得到摇摆运动角度。

(5)将初始水平倾角加上摇摆运动角度,得到实时水平倾角。

采用本方案实现解析调平,在递推最小二乘拟合的基础上只需增加第(3)(4)和(5)步的极小计算量即可实现。

计算出水平倾角以后,在导弹发射时刻将水平倾角代入式(4.125),并置漂移角为零即得到经过调平了的制导坐标系。当知道方位角误差时,则同样可以按规则用方位角误差(小角度时)替代式(4.125)中的"0"即得到修正了方位误差的制导坐标系,实现方位对准功能。

4. 调平方法的仿真验证

仿真条件:捷联惯组数据采用 211 A 惯性测量组合在实验室采样数据,采样时间 3 min,采样频率 50 Hz。加入如图 4.25 所示的仿真摇摆干扰信号。为了提高漂移角速率估计精度,采用摇摆半径一阶模型对消弹体摇摆干扰。本方案调平仿真结果如图 4.26 所示。

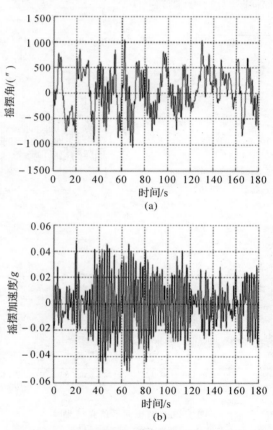

图 4.25　弹体摇摆运动仿真信号

(a)角度；　(b)加速度

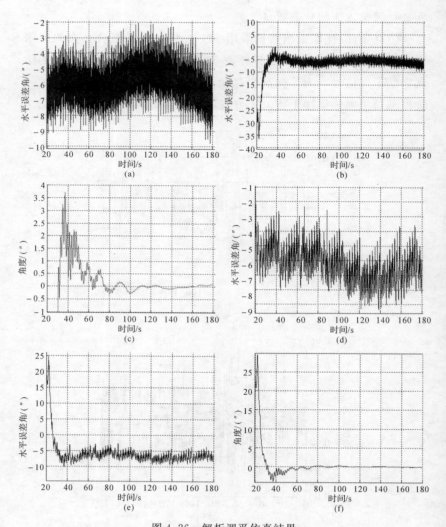

图 4.26 解析调平仿真结果

(a)y 向水平误差(未加噪声); (b)y 向水平误差(加噪声);

(c)y 向加噪声与未加噪声的水平误差角之差; (d)z 向水平误差(未加噪声)

(e)z 向水平误差(加噪声); (f)z 向加噪声与未加噪声的水平误差角之差

由图 4.25 和图 4.26 可以看出,在弹体存在最大摇摆角幅度达 1 000″,最大线加速度达 0.05g 的低频干扰条件下,采用本方案解析调平,在 30 s 以后加干扰时的水平误差与不加干扰时的水平误差之差小于 5″,60 s 以后,加干扰时的水平误差与不加干扰时的水平误差之差小于 1″。这表明采用本方法可以在较短时间内使调平精度达到不存在干扰时的调平精度,可以同时满足快速性和抗干扰能力要求。稳态时的水平误差波动和水平误差常值分别由加速度计测量噪声、一次启动随机量和加速度计零位标定误差所致。

4.3.3.2　位置转换角度测量方法及精度分析

由于捷联惯导系统不存在转动机构,所以实现位置转换比平台惯导系统更为困难。捷联惯导系统实现位置转换可以有两个途径:一是转动弹体,用导弹上的惯性测量装置测量转过的角度;二是在惯性组合上增加对准陀螺仪,并增设旋转机构和角度传感器。这两个途径各有优、缺点。第一个途径无需增加硬件,实现简单。但由于制导和对准对陀螺仪的指标要求差异较大,同时兼顾制导和对准要求对陀螺仪要求较高。由于位置转换是弹体绕方位轴转动的,所以可以近似认为是方位陀螺仪测量转过的角度。由后面分析知道,方位陀螺仪的标度因数直接决定测量精度,因而对方位陀螺仪的标度因数逐次稳定性要求较高。相反,第二个途径可较容易地精确测量转角,位置转换速度快,且选择陀螺仪只要考虑对准要求,也比较容易实现。但这种方式要增加一块陀螺仪(为了估计水平误差,一般还需要增加两块加速度计)以及旋转机构和高精度的角度传感器,使惯性组合结构变得更复杂,成本更高,并且可能降低惯导系统可靠性,从而在一定程度上失去捷联惯导系统的优势。这里仅讨论第一种位置转换及转角精确测量的方法。

导弹发射装置一般具有弹体转动机构,可以快速转动弹体,因此利用或稍经改进现有的成熟技术就可控制弹体转动实现位置的快速转换。而转动弹体实现位置转换的关键难点是如何精确测量弹体转过的角度。由于方位转换基准是相对发射坐标系的,因此,只要测量

绕发射坐标系 OY_L 轴转过的角度即可,这可通过将弹体旋转角速率投影到 OY_L 轴实现。由于 X 陀螺仪敏感轴沿弹轴线方向,而弹体转动也基本沿弹轴线方向。因此,当 X 陀螺仪输入轴与 OY_L 轴夹角很小时,则可能只用 X 陀螺仪的输出较高精度地计算得到位置转换角度。

设在自对准第一位置 X 陀螺仪的完整输出方程为

$$N_{gx}/E_{1x} = D_{0x} + D_{1x}g + \Omega_A - \Delta\Phi(D_{2x}g + \Omega_N\cos A) -$$
$$\psi(D_{3x}g + \Omega_N\sin A) - E_{yx}\Omega_N\cos A - E_{zx}\Omega_N\sin A$$

$$(4.140)$$

该输出对应的角速率可采用估计算法较高精度的估计得到。设在弹体转动过程中 X 陀螺仪的输出方程为

$$N_{gxt}/E_{1x} = D_{0x} + D_{1x}g + \Omega_A - \Delta\Phi_t(D_{2x}g + \Omega_N\cos A_t) -$$
$$\psi_t(D_{3x}g + \Omega_N\sin A_t) + \omega_{x_b} + E_{yx}\omega_{y_b} + E_{zx}\omega_{z_b}$$

$$(4.141)$$

其中, ω_{x_b} 、 ω_{y_b} 、 ω_{z_b} 分别为绕弹体坐标系 X_b 、 Y_b 、 Z_b 轴的旋转角速率。水平倾角和方位角加下标 t 表示水平倾角和方位角是时变的。由发射坐标系与弹体坐标系的关系可以求得绕发射坐标系 Y_L 轴旋转角速率为

$$\omega_{y_L} = \cos\Delta\Phi_t\cos\psi_t\omega_{x_b} - \sin\Delta\Phi_t\omega_{y_b} - \cos\Delta\Phi_t\sin\psi_t\omega_{z_b}$$

$$(4.142)$$

因此绕发射坐标系 Y_L 轴的转角为

$$\Delta A = \int_0^t \cos\Delta\Phi_t\cos\psi_t\omega_{x_b}\,dt - \int_0^t(\sin\Delta\Phi_t\omega_{y_b} + \cos\Delta\Phi_t\sin\psi_t\omega_{z_b})\,dt \approx$$
$$\int_0^t \cos\Delta\Phi_t\cos\psi_t\omega_{x_b}\,dt - \int_0^t(\Delta\Phi_t\omega_{y_b} + \psi_t\omega_{z_b})\,dt \qquad (4.143)$$

因为绕水平两轴旋转的角度为小角度,而且水平角也是小角度,因此作此近似带来的误差非常小。

下面讨论仅用 ω_{zb} 近似 ω_{y_L} 计算转角带来的误差。讨论时假设绕 Y_L 轴旋转角度为180°,位置转换时间为 $60\ s$,水平倾角在 $15'$ 以

内，在位置转换过程中绕水平两轴转过的角度小于 $30'$，由积分中值定理可得

$$\int_0^t (\Delta\Phi_t \omega_{y_b} + \psi_t \omega_{z_b}) dt = \overline{\Delta\Phi} \int_0^t \omega_{y_b} dt + \bar{\psi} \int_0^t \omega_{z_b} dt < 2 \times$$
$$15' \times 30' = 15.7'' \tag{4.144}$$

$$\int_0^t \omega_{x_b} dt - \int_0^t \cos\Delta\Phi_t \cos\psi_t \omega_{x_b} dt = (1 - \overline{\cos\Delta\Phi\cos\psi}) \int_0^t \omega_{x_b} dt \leqslant$$
$$180° \times 1.9 \times 10^{-5} = 12.3'' \tag{4.145}$$

由式（4.144）和式（4.145）可见，在满足假设条件且 ω_{x_b} 不存在误差时，用 ω_{x_b} 代替 ω_{y_L} 计算弹体转过的角度带来的误差最大为 $28''$。其中 $\overline{\Delta\Phi}$、$\overline{\Psi}$ 以及 $\overline{\cos\Delta\Phi\cos\psi}$ 可以认为是 $\Delta\Phi_t$、Ψ_t 和 $\cos\Delta\Phi_t\cos\psi_t$ 在位置转换时间内的加权平均。

上面在满足假设条件且 ω_{x_b} 不存在误差的条件下估计了角度测量误差，下面估计 ω_{x_b} 的测量误差造成的角度测量误差。由式（4.141）可得

$$\omega_{x_b} = N_{gxt}/E_{1x} - D_{0x} - D_{1x}g - \Omega_A - E_{yx}\omega_{y_b} - E_{zx}\omega_{z_b} +$$
$$\Delta\Phi_t(D_{2x}g + \Omega_N\cos A_t) + \psi_t(D_{3x}g + \Omega_N\sin A_t) \tag{4.146}$$

若用式（4.140）表示自对准第一位置的估计值，将其代入式（4.146）可得

$$\omega_{x_b} = (N_{gxt} - N_{gx})/E_{1x} - E_{yx}\omega_{y_b} - E_{zx}\omega_{z_b} + E_{zx}\Omega_N\sin A +$$
$$E_{yx}\Omega_N\cos A + \Delta\Phi_t(D_{2x}g + \Omega_N\cos A_t) +$$
$$\psi_t(D_{3x}g + \Omega_N\sin A_t) - \Delta\Phi(D_{2x}g + \Omega_N\cos A) -$$
$$\psi(D_{3x}g + \Omega_N\sin A) \tag{4.147}$$

则由 ω_{x_b} 积分计算得到的角度表达式为

$$\Delta\hat{A} = \int_0^t \omega_{x_b} dt = \left[\sum N_{gxt}/E_{1x} - N_{gx}t/E_{1x}\right] -$$
$$\left[E_{yx}\int_0^t \omega_{y_b} dt + E_{zx}\int_0^t \omega_{z_b} dt\right] +$$
$$\left[\int_0^t \Delta\Phi_t(D_{2x}g + \Omega_N\cos A_t) dt + \int_0^t \psi_t(D_{3x}g + \Omega_N\sin A_t) dt\right] -$$

$$[\Delta\Phi(D_{2x}g + \Omega_N\cos A) + \psi(D_{3x}g + \Omega_N\sin A)]t +$$
$$[(E_{zx}\Omega_N\sin A + E_{yx}\Omega_N\cos A)t] \tag{4.148}$$

下面将每一个"[ ]"中内容作为一项逐项分析角度估计误差。

(1) 第一项包括两部分。第一部分可直接累加计算得到角度，第二部分是第一位置的角速率在时间 t 内产生的漂移角。当标度因数相对误差为 1×10^{-4}，转过的角度为 $180°$ 时，造成的角度测量误差为 $64.8''$。另外，第一部分还存在量化误差，第二部分存在陀螺一次启动随机量和估计误差的影响。当标度因数为 $0.5(^)/('')$ 时，量化误差最大为 $2''$。当一次启动随机量与估计误差之和为 $0.01°/h$ 时，60 s 内造成的角度测量误差为 $0.6''$。

(2) $\int_0^t \omega_{y_b} \mathrm{d}t$ 和 $\int_0^t \omega_{z_b} \mathrm{d}t$ 代表位置1与位置2水平倾角之差，它们可以由两位置等效零位之差估计出来，而安装误差系数已由单元测试标定，因此第二项的角度可以估计出来。设安装误差系数稳定性为 5×10^{-4}，两位置的水平倾角之差为 $30'$ 时，第二项的角度估计误差造成角度测量误差为 $0.9''$。

(3) 当 $D_{2x}g$、$D_{3x}g$ 为 $1°/h$，水平倾角小于 $15'$ 时，第三项可忽略，由此带来的角度测量误差小于 $2.6''$。

(4) 第四项的水平倾角为位置转换开始时刻的水平倾角，A 角为第一位置方位角，$D_{2x}g$、$D_{3x}g$ 由单元测试结果提供，因此第四项可以计算出来。设 A 角估计误差为 $3'$，当 $D_{2x}g$、$D_{3x}g$ 为 $1°/h$，逐次启动误差为 $0.1°/h$，水平倾角等于 $15'$，估计误差为 $10''$ 时，第四项各参数误差带来的角度测量误差为 $0.08''$。

(5) 第五项角度也可计算出来。当 A 角估计误差为 $3'$，安装误差系数为 0.005，稳定性为 5×10^{-4} 时，由第五项引起的角度测量误差为 $0.6''$。

式(4.148)第四、五项的计算与补偿必须知道第一位置的方位角，而事实上在位置转换时是不知道的。此时只能先忽略这两项的影响计算位置转角，于是可以由两位置自对准法计算出方位角来。

知道方位角后,再重新计算位置转换角度,就可以补偿上述两项误差。在上面分析的条件下,若不计算第四项、第五项,产生的角度误差分别为 $2.6''$ 和 $2.7''$。因此,当要求不是特别高时,可以将第四项、第五项忽略,以简化计算。作了上述简化后,位置转换角度计算公式就仅剩下式(4.148)的前两项,计算非常简单。

由于式(4.148)的第一项可以实时计算出来,而且若忽略第二项引入的角度测量误差只有约 $18''$。因此,在转动弹体粗略定位时第二 ~ 五项均可忽略不计,用方位陀螺仪可以作为弹体转过角度的测量元件。第二位置测试结束后,就可以计算出第二项角度,然后第一项与第二项角度求和就得到位置转换的角度。

综合上述分析可见,用 ω_{x_b} 代替 ω_{y_L} 计算位置转换角度造成的角度测量误差主要包括两部分,一是 X 陀螺的标度因数误差,二是水平倾角引入的误差,其中以 X 陀螺的标度因数误差为主。由方位角计算公式可知,位置转换角度测量误差 $\delta\Delta A$ 造成的方位角估计误差为 $\delta\Delta A/2$。因此,可根据自对准精度要求选择标度因数符合精度要求的方位陀螺仪。如果对位置转换角度测量精度要求非常高,且方位陀螺仪的标度因数稳定性非常好时,则必须实时估计出水平倾角和 X 陀螺输入轴相对天向轴的夹角以补偿式(4.144)、式(4.145)所代表的角度误差,具体补偿算法不作讨论。

采用一阶模型对消弹体摇摆干扰,零力矩法与估计算法相结合同时估计漂移角速率和水平倾角,实现解析调平与两位置方位自对准的计算流程如图 4.27 所示。

4.3.3.3　调平精度估计

估计时称拟合多项式的二次项系数为等效零位,三次项系数为等效漂移角速率。由本方案的调平原理可以看出,调平精度与初始水平倾角估计精度和摇摆角估计精度有关。而初始水平倾角估计精度与等效零位估计精度、加速度计零位标定精度以及零位的一次启动随机量大小有关;摇摆角估计精度与等效漂移角速率估计精度、数学平台计算精度有关。

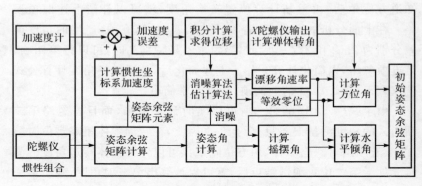

图 4.27　解析调平与方位自对准计算流程

1.初始水平倾角估计精度

初始水平倾角估计精度与等效零位估计精度和加速度计零位精度有关。等效零位估计精度由实验结果来说明。一例对消弹体摇摆干扰后采用估计算法递推估计等效零位结果如图 4.28 所示。由图 4.28 可见,到 30 s 时,等效零位估计值与稳态值之差在 $5×10^{-6}g$ 以内,折合成角度约为 $1''$。

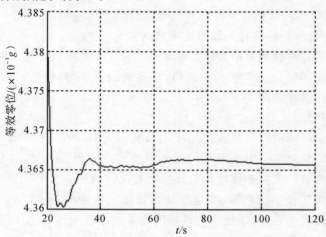

图 4.28　等效零位估计结果

　　加速度计零位精度取决于加速度计自身参数的稳定性。当加速度计零位逐次稳定性在 $5 \times 10^{-5} g$ 以内时,初始水平倾角估计误差在 $10''$ 以内。加速度计零位的一次启动随机量要比逐次启动随机量小得多。因此,综合上述诸项,可以认为初始水平倾角估计误差在 $10''$ 以内。

2. 摇摆角计算精度

　　摇摆角计算精度与数学平台计算精度、漂移角速率估计精度有关。计算数学平台的计算精度主要与陀螺仪的标度因数有关。当角速率为 $10°/h$,标度因数相对误差为 2×10^{-4} 时,在 120 s 内造成的角度误差为 $0.24''$。另外,摇摆角计算精度还与速率陀螺测量误差有关。当陀螺仪标度因数为 $0.5(°)/('')$ 时,量化误差导致的摇摆角计算误差最大不会超过 $2''$。而在采用摇摆半径一阶模型消噪时,在 120 s 内等效漂移角速率估计误差小于 $0.01°/h$,造成的角度误差小于 $1.2''$。

　　因此,综合摇摆角计算精度和初始水平倾角估计精度可以看出,调平精度仍主要决定于加速度计零位精度。

　　图 4.26 中调平误差中包含较大($2'' \sim 3''$)的高频噪声,这是量化误差造成的。陀螺仪和加速度计较小的比例系数使量化误差对方位自对准精度的影响更大。目前限制陀螺仪和加速度计比例系数提高的因素是计算机硬件速度。随着计算机硬件技术的迅速发展,弹上计算机可以采用计数速度更快的硬件,从而使大幅提高陀螺仪和加速度计比例系数成为可能。比例系数的提高可以大大减小量化误差。当不提高弹上计算机计数硬件速度时,则可以将陀螺仪的比例系数分为两挡:小比例系数用于导航与制导,大比例系数用于自对准。如当陀螺仪比例系数提高到 $15(°)/('')$,且测量时间为 120 s 时,陀螺仪量化误差造成的漂移估计误差最大为 $0.000 6°/h$。因此着眼

于将来发展,可以认为量化误差的影响较小,在调平误差和方位自对准误差中所占比例较小,可以忽略。下面估计方位自对准精度时不考虑量化误差影响。

4.3.3.4 方位自对准精度估计

采用解析方位自对准时,陀螺仪输入轴向水平地速估计精度与自对准精度之间有对应关系。因此,估计方位自对准精度实质是估计水平地速的估计精度。以 z 向地速为例来分析。和平台惯导系统一样,分析时设北向地速 $\Omega_N = 12°/\text{h}$。

由式(4.137)、式(4.138)可得

$$
\left.
\begin{aligned}
\Omega_N \cos A = {} & r_{z31}/g - \Delta\Phi_{01}\Omega_A + D_{0y} + D_{1y}g - \\
& \Delta\Phi_{01}D_{2y}g - \Psi_{01}D_{3y}g \\
\Omega_N \cos(A + \Delta A) = {} & r_{z32}/g - \Delta\Phi_{02}\Omega_A + D_{0y} + \\
& D_{1y}g - \Delta\Phi_{02}D_{2y}g - \Psi_{02}D_{3y}g
\end{aligned}
\right\}
\quad (4.149)
$$

相减得

$$
\begin{aligned}
\Omega_N[\cos(A + \Delta A) - \cos A] = {} & (r_{z32} - r_{z31})/g - (\Delta\Phi_{02} - \\
& \Delta\Phi_{01})(\Omega_A + D_{2y}g) - (\Psi_{02} - \\
& \Psi_{01})D_{3y}g
\end{aligned}
\quad (4.150)
$$

由计算过程可知,式(4.150)等号左侧的估计精度与等效漂移角速率估计精度、$D_{0y} + D_{1y}g$ 一次启动稳定性,以及等效零位估计精度和漂移系数标定精度有关,下面逐项分析。

1. 等效漂移角速率估计精度

由于捷联惯导系统自对准精度要求相对低一些,采用一阶模型消噪即可满足精度要求。加干扰并采用同时估计一阶模型和漂移角速率的估计算法估计得到的等效漂移角速率如图 4.29 实线所示,而虚线为未加摇摆干扰时的等效漂移率估计曲线。其中摇摆干扰幅度约为 50 mm。

　　由图 4.29 可见,未加摇摆干扰时,60 s 后等效漂移率收敛在较小的范围变化,变化范围为±0.000 5°/h。收敛稳定后等效漂移角速率的变化是加速度计的测量噪声和加速度计自身的噪声等引起的。加入摇摆干扰后,到 90 s 时,等效漂移角速率收敛到了与未加干扰时相差不到0.001°/h 的范围内。综合两项误差因素的影响,当测试时间为 120 s 时,可以认为图 4.29 所示的等效漂移角速率估计误差在0.001°/h 以内。由于捷联惯导系统零力矩法求得的位移序列与平台惯导系统零力矩法补偿了交叉耦合影响的位移序列完全相同,因此在相同的条件下采用一阶模型对消弹体摇摆干扰估计等效漂移角速率的精度应是相同的。不过与惯导平台的加速度计相比,捷联惯导系统加速度计自身的噪声强度可能稍大,因此将等效漂移率估计误差均方差放宽到0.0015°/h,以降低对加速度计自身噪声的要求。当两位置角度差为180°时,每个位置0.001 5°/h 的估计误差对应到方位角误差约为 18″。

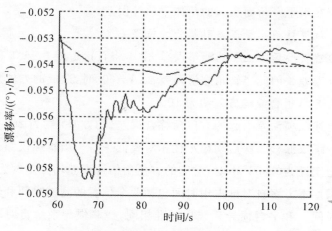

图 4.29　等效漂移角速率估计曲线

2. 与水平倾角有关的误差

由图 4.26 可见，当采样时间为 120 s 时，等效零位估计误差小于 $5 \times 10^{-6} g$。当天向地速 $\Omega_A + D_{2y} g = 10°/h$，$D_{3y} g = 1°/h$，两位置的水平角之差为 $30'$，漂移系数逐次启动误差为 $0.1°/h$ 时，因存在水平倾角而导致的角速率估计误差为

$$\delta \omega = -\delta(\Delta \Phi_{02} - \Delta \Phi_{01})(\Omega_A + D_{2y}) - \delta(\Psi_{02} - \Psi_{01})D_{3y} g +$$
$$(\Delta \Phi_{02} - \Delta \Phi_{01})\delta D_{2y} g - (\Psi_{02} - \Psi_{01})\delta D_{3y} g \leqslant$$
$$|\delta(\Delta \Phi_{02} - \Delta \Phi_{01})(\Omega_A + D_{2y} g)| + |\delta(\Psi_{02} - \Psi_{01})D_{3y} g| +$$
$$|(\Delta \Phi_{02} - \Delta \Phi_{01})\delta D_{2y} g| + |(\Psi_{02} - \Psi_{01})\delta D_{3y} g| =$$
$$2 \times 5 \times 10^{-6} \times (10 + 1) + 0.5 \times (0.1 +$$
$$0.1)/57.3 = 0.001\ 8°/h \tag{4.151}$$

当两位置方位角相差 180° 时，式（4.150）有 $0.001\ 8°/h$ 的估计误差造成的方位估计误差约为 $15''$。这部分角速率估计误差主要源自漂移系数逐次启动误差，因此提高漂移系数逐次启动稳定性可以减小因存在水平倾角而引起的角速率估计误差。

3. 位置转角测量误差引起的方位误差

位置转换角度 ΔA 的测量误差 $\delta \Delta A$ 将直接造成 $\delta \Delta A/2$ 的方位角估计误差。因此当转角测量误差 $\delta \Delta A = 60''$ 时，造成的方位角估计误差为 $30''$，折合成均方差约为 $10''$。

上述三项误差引起的方位角综合误差（均方差）约为 $26''$。

陀螺仪漂移一次启动稳定性相对要低一些。当陀螺仪漂移一次启动稳定性为 $0.005°/h$ 时，对应的方位角估计误差均方差约为 $61''$。

采用本方案自对准占用时间包括两个位置的测试时间和转动弹体的时间。和平台惯导系统自对准相同，捷联惯导系统自对准每个位置测试时间 120 s，两个位置占用时间 240 s。转动弹体时间由弹体旋转速度决定，设弹体旋转 180° 需时间 60 s，此时完成自对准过程

共计需占用发射时间 5 min。

综合上述分析可以认为,采用上述方法实现捷联惯导系统自对准,自对准精度取决于捷联惯导系统水平陀螺仪的一次启动随机漂移。另外,水平陀螺仪的 D_2、D_3 系数标定精度及稳定性,漂移角速率估计误差,以及位置转换角测量误差对方位对准精度也有影响,但其影响相对水平陀螺仪的一次启动随机漂移造成的方位估计误差小得多。可见采用本方法可以充分利用惯导系统的精度,能实现快速较精确的方位自对准。

第 5 章　惯导系统自标定技术

第 3 章介绍的惯导系统测试标定方法,是针对惯导系统在地面标定时,借助于精密转台提供所需位置完成的。而惯导系统的自标定是指惯导系统在不依赖外部测试设备的条件下,完全利用自身结构及载体系统特性来标定其误差系数的一种自主式标定方法。

惯导系统自标定按其装弹与否可分为地面自标定和弹上自标定。地面自标定一般是在实验室进行,惯导系统与载体分离,安装在隔离地基上进行自标定。弹上自标定是惯导系统装入载体后实施的自标定,标定结束后可不断电进行发射准备。

5.1　平台惯导系统自标定技术

基于平台系统的框架结构,完全可以利用控制回路控制平台台体绕框架轴的转动,从而实现惯导系统的自标定。平台惯导系统可分为全姿态平台(即平台台体可分别绕框架轴 360°转动,如四轴三框架平台系统)和受限姿态平台(框架绕相应轴转动范围有限),针对不同的平台结构形式,平台误差的自标定力学编排及自标定算法会有所不同。

5.1.1　全姿态平台惯导系统自标定

选择如图 5.1 所示的一类四轴三框架全姿态平台。

其中:$OX_pY_pZ_p$ 为惯性坐标系,即台体坐标系;$OX'_FX_FY_FZ_F$ 为平台本体框架轴系;$OX_1Y_1Z_1$ 为载体坐标系。

此安装方式下俯仰姿态角为 $-90°$。

框架轴定义及转动范围如下:

OX'_F轴:随动轴（滚动轴）,$0\sim\pm360°$;

OX_F轴:内环轴,$0\sim\pm45°$;

OY_F轴:外环轴（方位轴）,$0\sim\pm360°$;

OZ_F轴:台体轴（俯仰轴）,$0\sim\pm360°$。

3个陀螺仪及3个加速度计在平台台体上的安装坐标系如图5.2所示。

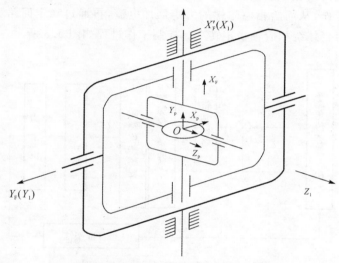

图 5.1　四轴三框架全姿态平台系统框架取向图

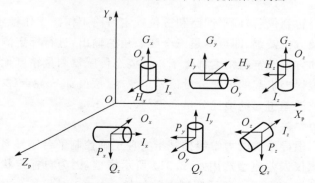

图 5.2　陀螺仪、加速度计在台体上的安装坐标系

1. 自标定原理

平台台体所处的位置直接关系到重力加速度和地速等标准输入信息的精度,也就直接影响标定精度。在转台标定中,是由转台来保证提供位置信息的准确性,主要分为水平角和方位角。自标定方法中,每个位置的翻转是通过平台控制回路中的粗锁回路工作来完成的。通过给粗锁回路功率放大级加一定幅值的控制信号,控制粗锁回路工作,从而给相应陀螺的力矩器加电流,再通过稳定回路工作,使平台台体绕相应轴稳定转动。控制工作过程如图 5.3 所示。

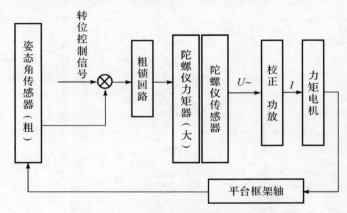

图 5.3 平台转位控制回路工作原理图

平台转到位后,调平回路和方位锁定回路工作。工作稳定后,断开调平及方位锁定,即可测量三个姿态角的输出,进行标定测试。由于调平和方位锁定的精度都优于 $20''$,姿态传感器测量精度优于 $25''$,因此定位误差引起的地速分量误差可忽略(假设 $\omega_{ie}\cos\phi=12.46°/\mathrm{h}$,则由定位误差引起的地速分量误差为 $0.03°/\mathrm{h}$)。

2. 力学编排

平台惯导系统的力学编排是指实现正确控制平台惯导系统的方案。陀螺仪误差模型选用式(2.31)所示模型,因为自标定状态下通常无法精确获知平台所处测试点的初始方位角,因此在考虑误差模型中地速分量影响时,将初始方位角 A 也作为一个未知数参加求解。考虑到信息冗余,陀螺漂移误差系数分离可采用九位置方案,分离出陀螺仪的零次项和一次项。当然也可根据陀螺仪性能,只标定不稳定且影响射程大的误差系数,因此设置其他翻转方案。这里采用六位置自标定方案,各位置姿态角状态见表 5.1。

表 5.1　自标定位置编排表

位置号	姿态角		
	台体轴 /(°)	外环轴 /(°)	随动轴 /(°)
1	0	0	0
2	270	0	0
3	180	0	0
4	90	0	0
5	90	0	270
6	90	0	90

每个转动位置下粗锁、调平、方位锁定工作原理基本相同。

根据陀螺仪自标定的力学编排,在任意初始方位角 A 下,通过大回路测漂的力矩反馈原理,即可列出各陀螺仪输出轴上的力矩平衡方程。下面以 G_x 陀螺为例加以说明:

$$\left.\begin{aligned}
1: \omega_{x1} &= D_{fx} + D_{xy} + \omega_{ie}\cos\phi\cos A \\
2: \omega_{x2} &= D_{fx} - D_{xx} - \omega_{ie}\sin\phi \\
3: \omega_{x3} &= D_{fx} - D_{xy} - \omega_{ie}\cos\phi\cos A \\
4: \omega_{x4} &= D_{fx} + D_{xx} + \omega_{ie}\sin\phi \\
5: \omega_{x5} &= D_{fx} - D_{xx} + \omega_{ie}\sin\phi \\
6: \omega_{x6} &= D_{fx} + D_{xx} + \omega_{ie}\sin\phi
\end{aligned}\right\} \qquad (5.1)$$

其中, ω_{ie} 为地球自转角速度; ϕ 为测试点纬度; A 为方位角。

加速度计同样采用正、倒置标定方法,进入调平后,开始采集垂直加速度计脉冲数。

5.1.2 姿态受限平台惯导系统自标定

1. 力学编排

定义 $OX_pY_pZ_p$ 为平台轴坐标系,$OXYZ$ 为平台台体坐标系,Z_p 轴定义为航向轴,绕航向轴可 $\pm 360°$ 转动,而绕其他两个轴只能 $\pm 45°$ 转动,即为姿态受限平台系统。陀螺仪误差模型选用式(2.31),同时考虑安装误差产生的不正交误差系数,即通过自标定方法得到惯导系统的以下误差系数:零偏(D_{xF}、D_{yF}、D_{zF})、陀螺与 g 有关项漂移系数(D_{xx}、D_{xy}、D_{yx}、D_{yy})、不正交系数(G_{xy}、G_{xz}、G_{yx}、G_{yz}、G_{zx}、G_{zy})、加速度计刻度系数(K_{ax}、K_{ay}、K_{az})、零偏(D_{ax}、D_{ay}、D_{az})及水平加速度计安装误差(A_{xy})。

同样,以 G_x 陀螺仪为例,以及 A_x 加速度计为例分析其力学编排。设计如图5.3所示九位置方案。

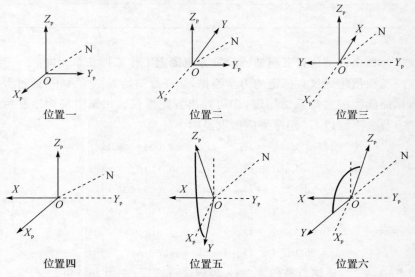

图 5.3 自标定平台台体转位坐标示意图

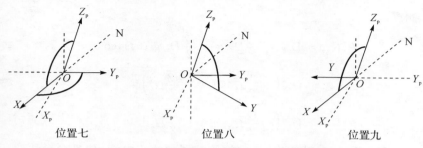

位置七　　　　　　位置八　　　　　　位置九

续图 5.3　自标定平台台体转位坐标示意图

（1）平台系统工作，正常对准，航向 Z_p 锁定于零位，如图 5.3 所示位置一。稳定后，闭环测漂。（$\vartheta=\vartheta_0$、$\gamma=\gamma_0$、$\psi=0$）

$$P_x^1 K_{gx} = D_{xF} + D_{xz}g - \Omega_N \sin A + G_{xy}\Omega_N \cos A + G_{xz}\Omega_z \quad (5.2)$$

（2）断对准，Z 陀螺受感器加施矩电流，使平台台体绕 OZ_p 轴正向转 90°，如图 5.3 所示位置二。OX（Y_p）、OY（$-X_p$）轴向调平，OZ_p 轴锁定于 90° 航向角，调平锁定稳定后，闭环测漂。

$$P_x^2 K_{gx} = D_{xF} + D_{xz}g + \Omega_N \cos A + G_{xy}\Omega_N \sin A + G_{xz}\Omega_Z \quad (5.3)$$

（3）断锁定，继续施矩使平台台体绕 OZ_p 轴正向转 90°，如图 5.3 所示位置三。OX（$-X_p$）、OY（$-Y_p$）轴向调平，OZ_p 轴锁定于 180° 航向角，调平锁定后，闭环测漂。

$$P_x^3 K_{gx} = D_{xF} + D_{xz}g + \Omega_N \sin A - G_{xy}\Omega_N \cos A + G_{xz}\Omega_Z \quad (5.4)$$

（4）断锁定，继续施矩使平台台体绕 OZ_p 轴正向转 90°，如图 5.3 所示位置四。OX（$-Y_p$）、OY（X_p）轴向调平，OZ_p 轴锁定于 270° 航向角，调平锁定后，陀螺闭环测漂，测 X、Y、Z 加速度计的输出脉冲，并测定俯仰角和滚动角（$\vartheta=\vartheta_0$、$\gamma=\gamma_0$）。

$$P_x^4 K_{gx} = D_{xF} + D_{xz}g - \Omega_N \cos A - G_{xy}\Omega_N \sin A + G_{xz}\Omega_Z \quad (5.5)$$

$$N_{ax}^4 = D_{ax} + A_{xz}g \quad (5.6)$$

（5）断开 X、Y 调平，X 陀螺受感器加施矩电流，使平台台体绕 OY_p 轴正向转动 45°，OX_p 轴锁定于 ϑ_0，OY_p 轴锁定于 $\gamma_0+45°$，OZ_p 轴锁定于 270° 航向角，如图 5.3 所示位置五。稳定后，陀螺闭环测漂。

$$P_x^5 K_{gx} = D_{xF} - \frac{\sqrt{2}}{2}D_{xy}g + \frac{\sqrt{2}}{2}D_{xz}g - \Omega_N\cos A +$$

$$G_{xy}\left(-\frac{\sqrt{2}}{2}\Omega_N\sin A - \frac{\sqrt{2}}{2}\Omega_Z\right) +$$

$$G_{xz}\left(-\frac{\sqrt{2}}{2}\Omega_N\sin A + \frac{\sqrt{2}}{2}\Omega_Z\right) \tag{5.7}$$

（6）断开 Y_p 轴锁定，X 陀螺受感器加施矩电流，使平台台体绕 OY_p 轴负向转动 $90°$，OX_p 轴锁定于 ϑ_0，OY_p 轴锁定于 $\gamma_0-45°$，OZ_p 轴锁定于 $270°$ 航向角，如图 5.3 所示位置六。稳定后，陀螺闭环测漂。测量 X、Y、Z 加速度计输出脉冲。

$$P_x^6 K_{gx} = D_{xF} + \frac{\sqrt{2}}{2}D_{xy}g + \frac{\sqrt{2}}{2}D_{xz}g - \Omega_N\cos A +$$

$$G_{xy}\left(-\frac{\sqrt{2}}{2}\Omega_N\sin A + \frac{\sqrt{2}}{2}\Omega_Z\right) +$$

$$G_{xz}\left(\frac{\sqrt{2}}{2}\Omega_N\sin A + \frac{\sqrt{2}}{2}\Omega_Z\right) \tag{5.8}$$

$$N_{ax}^6 = D_{ax} + \frac{\sqrt{2}}{2}A_{xy}g + \frac{\sqrt{2}}{2}A_{xz}g \tag{5.9}$$

（7）断开 OZ_p 轴锁定，Z 陀螺受感器加施矩电流，使平台台体绕 OZ_p 轴正向转动 $90°$，OX_p 轴锁定于 ϑ_0，OY_p 轴锁定于 $\gamma_0-45°$，OZ_p 轴锁定于 $0°$ 航向角，如图5.3所示位置七。稳定后，陀螺闭环测漂。测量 X、Y、Z 加速度计输出脉冲。

$$P_x^7 K_{gx} = D_{xF} + \frac{\sqrt{2}}{2}D_{xx}g + \frac{\sqrt{2}}{2}D_{xz}g + \left(-\frac{\sqrt{2}}{2}\Omega_N\sin A + \frac{\sqrt{2}}{2}\Omega_N\right) +$$

$$G_{xy}\Omega_N\cos A + G_{xz}\left(\frac{\sqrt{2}}{2}\Omega_N\sin A + \frac{\sqrt{2}}{2}\Omega_Z\right) \tag{5.10}$$

$$N_{ax}^7 = D_{ax} + \frac{\sqrt{2}}{2}K_{ax}g + \frac{\sqrt{2}}{2}A_{xz}g \tag{5.11}$$

（8）断开 Z_p 轴锁定，Z 陀螺受感器继续加施矩电流（25 mA），使

平台台体绕 OZ 轴正向转动 $180°$，OX_p 轴锁定于 ϑ_0，OY_p 轴锁定于 $\gamma_0 - 45°$，OZ_p 轴锁定于 $90°$ 航向角，如图 5.3 所示位置八。稳定后，陀螺闭环测漂。测量 X、Y、Z 加速度计输出脉冲。

$$P_x^8 K_{gx} = D_{xF} - \frac{\sqrt{2}}{2} D_{xy} g + \frac{\sqrt{2}}{2} D_{xz} g + \Omega_N \cos A +$$

$$G_{xy} \left(\frac{\sqrt{2}}{2} \Omega_N \sin A - \frac{\sqrt{2}}{2} \Omega_Z \right) + G_{xz} \left(\frac{\sqrt{2}}{2} \Omega_N \sin A + \frac{\sqrt{2}}{2} \Omega_Z \right)$$

$$\tag{5.12}$$

$$N_{ax}^8 = D_{ax} - \frac{\sqrt{2}}{2} A_{xy} g + \frac{\sqrt{2}}{2} A_{xz} g \tag{5.13}$$

（9）OX_p 轴锁定于 ϑ_0，OY_p 轴锁定于 $\gamma_0 - 45°$，OZ_p 轴锁定于 $180°$ 航向角，如图 5.3 所示位置九。稳定后，陀螺闭环测漂。测量 X、Y、Z 加速度计输出脉冲。

$$P_x^9 K_{gx} = D_{xF} - \frac{\sqrt{2}}{2} D_{xx} g + \frac{\sqrt{2}}{2} D_{xz} g + \left(\frac{\sqrt{2}}{2} \Omega_N \sin A + \frac{\sqrt{2}}{2} \Omega_N \right) -$$

$$G_{xy} \Omega_N \cos A + G_{xz} \left(\frac{\sqrt{2}}{2} \Omega_N \sin A + \frac{\sqrt{2}}{2} \Omega_Z \right) \tag{5.14}$$

$$N_{ax}^9 = D_{ax} - \frac{\sqrt{2}}{2} K_{ax} g + \frac{\sqrt{2}}{2} A_{xz} g \tag{5.15}$$

通过相应位置关系解算，即可求得陀螺仪和加速度计的各误差系数。

$$K_{gx} = \frac{2\Omega_N}{(P_x^2 - P_x^4) \cos A - (P_x^1 - P_x^3) \sin A} \tag{5.16}$$

$$G_{xy} = \frac{(P_x^2 - P_x^4) \sin A + (P_x^1 - P_x^3) \cos A}{(P_x^2 - P_x^4) \cos A - (P_x^1 - P_x^3) \sin A} \tag{5.17}$$

$$D_{xy} = \left[(P_x^6 - P_x^8) K_{gx} + 2\Omega_N \cos A + \sqrt{2} G_{xy} (\Omega_N \sin A - \Omega_Z) \right] / \sqrt{2} g$$

$$\tag{5.18}$$

$$D_{xx} = \left[(P_x^7 - P_x^9) K_{gx} + \sqrt{2} (\Omega_N \sin A - \Omega_Z) - 2G_{xy} \Omega_N \cos A \right] / \sqrt{2} g$$

$$\tag{5.19}$$

$$G_{xz} = \frac{(P_x^6 - P_x^5) K_{gx} - \sqrt{2} (D_{xy} g + G_{xy} \Omega_Z)}{\sqrt{2} \Omega_N \sin A} \qquad (5.20)$$

$$D_{ax} = \frac{1}{2 - \sqrt{2}} (N_{ax}^6 + N_{ax}^8 - \sqrt{2} N_{ax}^4) \qquad (5.21)$$

$$K_{ax} = \frac{\sqrt{2}}{2g} (N_{ax}^7 - N_{ax}^9) \qquad (5.22)$$

$$A_{xy} = \frac{\sqrt{2}}{2g} (N_{ax}^6 - N_{ax}^8) \qquad (5.23)$$

2. 自标定精度分析

自标定精度主要决定于自标定定位精度。定位精度包括真北的对准精度、调平精度及其姿态锁定精度。以 G_x 陀螺仪为例分析。

(1) 方位锁定精度分析。

设寻北的误差角为 ΔA，则对各系数产生的误差大小为

$$\frac{\Delta K_{gx}}{\Delta A} = \frac{2 \Omega_N}{[(P_x^2 - P_x^4) \cos A - (P_x^1 - P_x^3) \sin A]^2} \times$$
$$[(P_x^2 - P_x^4) \sin A + (P_x^1 - P_x^3) \cos A] \qquad (5.24)$$

$$\frac{\Delta G_{xy}}{\Delta A} = \frac{(P_x^2 - P_x^4)^2 + (P_x^1 - P_x^3)^2}{[(P_x^2 - P_x^4) \cos A - (P_x^1 - P_x^3) \sin A]^2} \qquad (5.25)$$

$$\frac{\Delta D_{xy}}{\Delta A} = \Big[(P_x^6 - P_x^8) \frac{\Delta K_{gx}}{\Delta A} - 2 \Omega_N \sin A + \sqrt{2} \frac{\Delta G_{xy}}{\Delta A} (\Omega_N \sin A -$$
$$\Omega_Z) + \sqrt{2} G_{xy} \Omega_N \cos A \Big] / \sqrt{2} g \qquad (5.26)$$

$$\frac{\Delta D_{xx}}{\Delta A} = \Big[(P_x^7 - P_x^9) \frac{\Delta K_{gx}}{\Delta A} + \sqrt{2} \Omega_N \cos A + 2 G_{xy} \Omega_N \sin A - 2 \Omega_N \frac{\Delta G_{xy}}{\Delta A} \cos A \Big]$$
$$/ g \sqrt{2} \qquad (5.27)$$

$$\frac{\Delta G_{xz}}{\Delta A} =$$

$$\frac{\Big[(P_x^6 - P_x^5) \frac{\Delta K_{gx}}{\Delta A} - \sqrt{2} \Big(\frac{\Delta D_{xy}}{\Delta A} g + \frac{\Delta G_{xy}}{\Delta A} \Omega_Z \Big) \Big] \sin A - [(P_x^6 - P_x^5) K_{gx} - \sqrt{2} (D_{xy} g + G_{xy} \Omega_z)] \cos A}{\sqrt{2} \Omega_N \sin^2 A}$$

$$(5.28)$$

控制平台台体绕 OZ_p 轴转动姿态锁定精度对标定精度的影响大小，与寻北精度分析方法相同，误差方程相同。

（2）姿态锁定精度分析。

控制平台台体绕 OY_p 轴转动 $\alpha = 45°$ 时，姿态锁定精度 $\Delta\alpha$（$\Delta\alpha$ 对 K_{gx}、G_{xy} 精度不产生影响）对自标定精度的影响分析如下：

$$D_{xy} = [(P_x^6 - P_x^8)K_{gx} + 2\Omega_N\cos A + $$

$$2G_{xy}(\cos\alpha\Omega_N\sin A - \Omega_Z\sin\alpha)]/2g\sin\alpha \qquad (5.29)$$

$$\frac{\Delta D_{xy}}{\Delta\alpha} = -[(P_x^6 - P_x^8)K_{gx}\cos\alpha + 2\Omega_N\cos A\cos\alpha + $$

$$2G_{xy}\Omega_N\sin A]/2g\sin^2\alpha \qquad (5.30)$$

$$D_{xx} = [(P_x^7 - P_x^9)K_{gx} + 2(\cos\alpha\Omega_N\sin A - \Omega_Z\sin\alpha) $$

$$- 2G_{xy}\Omega_N\cos A]/2g\sin\alpha \qquad (5.31)$$

$$\frac{\Delta D_{xx}}{\Delta\alpha} = -[(P_x^7 - P_x^9)K_{gx}\cos\alpha + 2\Omega_N\sin A - $$

$$2G_{xy}\Omega_N\cos A\cos\alpha]/2g\sin^2\alpha \qquad (5.32)$$

$$G_{xz} = \frac{(P_x^6 - P_x^5)K_{gx} - 2(D_{xy}g + G_{xy}\Omega_Z)\sin\alpha}{2\Omega_N\sin\alpha\sin A} \qquad (5.33)$$

$$\frac{\Delta G_{xz}}{\Delta\alpha} = \frac{-(P_x^6 - P_x^5)K_{gx}\cos\alpha - 2\left(\dfrac{\Delta D_{xy}}{\Delta\alpha}g + G_{xy}\Omega_Z\right)\sin^2\alpha}{2\Omega_N\sin^2\alpha\sin A}$$

$$(5.34)$$

调平精度对系数精度的影响分析方法同姿态锁定精度，只是这里的 $\alpha = 0°$。

另外，调平回路、锁定回路的动态性能也将直接影响自标定精度。其次还存在一部分方法误差，由于平台的 X、Y 轴框架转角有限，因此有的标定只能在 $45°$ 状态下标定，会影响其标定精度。

5.2 捷联惯导系统自标定技术

捷联惯导系统直接以捆绑式安装在载体上，无转动结构，因此直接进行自标定是困难的。本节通过外加旋转机构的方式实现捷联惯导系统的自标定，以加速度计自标定为例，讨论其力学编排及标定精度分析。

5.2.1 自标定误差模型

建立如图 5.4 所示旋转机构坐标系 $OX_bY_bZ_b$，各轴分别与三个加速度计输入轴重合，其中旋转轴为 OZ_b。

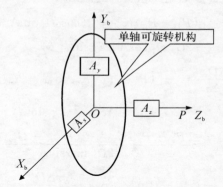

图 5.4 自标定旋转机构坐标关系图

根据图示关系，可以得到重力场试验输入加速度存在如下关系（当 Z 向加速度计绝对水平时）：

$$a_{ix}^2 + a_{iy}^2 + a_{iz}^2 = g^2 \tag{5.35}$$

在进行弹上自标定时需要考虑载体的基准偏差对加速度计标定的影响，而影响较大的主要包括：载体垂直时不能绝对垂直于地面而导致的自标定旋转机构绕 OX 轴的滚转角以及绕 OZ 轴的俯仰角、加速度计的安装误差角、旋转机构的旋转定位误差等因素。在这种情况下，X、Y 以及 Z 向加速度计的输入可以表示成如下形式：

$$\begin{bmatrix} a_{ix} \\ a_{iy} \\ a_{iz} \end{bmatrix} = \begin{bmatrix} \sin(\theta + \theta_0 + \alpha_0 + \alpha_1)\cos\beta \\ \cos(\theta + \theta_0 + \alpha_0 + \alpha_1)\cos\beta \\ \sin\beta \end{bmatrix} g \quad (5.36)$$

式中，θ 为旋转体的转角；α_0 为安装误差角；θ_0 为旋转体的旋转失准角（随机量）；α_1 为载体垂直时自标定组合绕 OZ 轴俯仰角（简称俯仰角）；β 为载体垂直时自标定组合绕 OX 轴滚转角。

根据 IEEE Std 1293—1998，我们可以知道在重力试验中无法有效地分离这些角度，但是可以将别的角度等同于旋转失准角来处理。所以公式（5.36）又可以表示为

$$\begin{bmatrix} a_{ix} \\ a_{iy} \\ a_{iz} \end{bmatrix} = \begin{bmatrix} \sin(\theta + \alpha)\cos\beta \\ \cos(\theta + \alpha)\cos\beta \\ \sin\beta \end{bmatrix} g \quad (5.37)$$

式中，α 为旋转误差角，包括旋转失准角、俯仰角、安装误差角。

根据公式（5.34）和公式（5.37），假设在重力加速度归一化处理后，则可以得到加速度计自标定误差模型为

$$\left.\begin{aligned} A_x &= k_{x0} + k_{x1}\sin(\theta + \alpha)\cos\beta + k_{xy}\cos(\theta + \alpha)\cos\beta + \\ &\quad k_{xz}\sin\beta + k_{x2}\sin^2(\theta + \alpha)\cos^2\beta \\ A_y &= k_{y0} + k_{yx}\sin(\theta + \alpha)\cos\beta + k_{y1}\cos(\theta + \alpha)\cos\beta + \\ &\quad k_{yz}\sin\beta + k_{y2}\cos^2(\theta + \alpha)\cos^2\beta \\ A_y &= k_{z0} + k_{zx}\sin(\theta + \alpha)\cos\beta + k_{zy}\cos(\theta + \alpha)\cos\beta + \\ &\quad k_{z1}\sin\beta + k_{z2}\sin^2\beta \end{aligned}\right\} \quad (5.38)$$

5.2.2　自标定方法

1. 四位置标定方法

加电控制使 OX_b 轴向加速度计处于水平零位置，OY_b 轴向加速度计处于垂直水平面位置稳定后采集其输出。然后旋转机构每隔 90°停顿若干分钟，绕旋转体转轴转动，共转动 4 个位置（0°、90°、180°和 270°），分别采集各个位置上的输出，然后通过计算得到各个误差

系数。

从公式(5.38)可以看出,对于组合中的每个加速度计都有 5 个系数,因此在重力场试验采用四位置法是无法标定出来的,为此采用了简化数学模型:

$$\left.\begin{array}{l} A_x = k_{x0} + k_{x1}\sin(\theta+\alpha)\cos\beta + k_{x2}\sin^2(\theta+\alpha)\cos^2\beta \\ A_y = k_{y0} + k_{y1}\cos(\theta+\alpha)\cos\beta + k_{y2}\cos^2(\theta+\alpha)\cos^2\beta \\ A_z = k_{z0} + k_{z1}\sin\beta + k_{z2}\sin^2\beta \end{array}\right\} (5.39)$$

很显然,单轴旋转是无法标定 Z 向加速度计的各项系数的。由于忽略了耦合误差项,可以分别标定 X 向加速度计和 Y 向加速度计。

OX_b 轴向加速度计静态数学模型为

$$\left.\begin{array}{l} A_{x0} = k_{x0} + k_{x1}\sin(\alpha+0°)\cos\beta + k_{x2}\sin^2(\alpha+0°)\cos^2\beta \\ A_{x1} = k_{x0} + k_{x1}\sin(\alpha+90°)\cos\beta + k_{x2}\sin^2(\alpha+90°)\cos^2\beta \\ A_{x2} = k_{x0} + k_{x1}\sin(\alpha+180°)\cos\beta + k_{x2}\sin^2(\alpha+180°)\cos^2\beta \\ A_{x3} = k_{x0} + k_{x1}\sin(\alpha+270°)\cos\beta + k_{x2}\sin^2(\alpha+270°)\cos^2\beta \end{array}\right\}$$

$$(5.40)$$

同理可得 OY_b 轴向加速度计静态数学模型为

$$\left.\begin{array}{l} A_{y0} = k_{y0} + k_{y1}\sin(\alpha+90°)\cos\beta + k_{y2}\sin^2(\alpha+90°)\cos^2\beta \\ A_{y1} = k_{y0} + k_{y1}\sin(\alpha+180°)\cos\beta + k_{y2}\sin^2(\alpha+180°)\cos^2\beta \\ A_{y2} = k_{y0} + k_{y1}\sin(\alpha+270°)\cos\beta + k_{y2}\sin^2(\alpha+270°)\cos^2\beta \\ A_{y3} = k_{y0} + k_{y1}\sin(\alpha+0°)\cos\beta + k_{y2}\sin^2(\alpha+0°)\cos^2\beta \end{array}\right\}$$

$$(5.41)$$

式(5.40)可以变换为

$$\left.\begin{array}{l} A_{x0} = k_{x0} + k_{x1}\sin\alpha\cos\beta + k_{x2}\sin^2\alpha\cos^2\beta \\ A_{x1} = k_{x0} + k_{x1}\cos\alpha\cos\beta + k_{x2}\cos^2\alpha\cos^2\beta \\ A_{x2} = k_{x0} - k_{x1}\sin\alpha\cos\beta + k_{x2}\sin^2\alpha\cos^2\beta \\ A_{x3} = k_{x0} - k_{x1}\cos\alpha\cos\beta + k_{x2}\cos^2\alpha\cos^2\beta \end{array}\right\} (5.42)$$

因此可以计算出:

$$\alpha = \arctan \frac{A_{x0} - A_{x2}}{A_{x1} - A_{x3}} \tag{5.43}$$

将求得的 α 代入方程组(5.36)得到：

$$k_{x2}\cos^2\beta = \frac{A_{x1} + A_{x3} - A_{x0} - A_{x2}}{2\cos2\alpha}$$

$$k_{x0} = \frac{1}{4}(A_{x0} + A_{x1} + A_{x2} + A_{x3}) - \frac{1}{2}k_{x2}\cos^2\beta$$

$$k_{x1}\cos\beta = \frac{A_{x0} - k_{x0} - k_{x2}\sin^2\alpha}{\sin\alpha}$$

因此求得加速度计模型系数为

$$k_x = \begin{bmatrix} k_{x0} & k_{x1}\cos\beta & k_{x2}\cos^2\beta \end{bmatrix}^{\mathrm{T}} \tag{5.44}$$

因此可以解算出以上三个系数以及输入误差角，在后面将专门讨论滚动角 β 的处理方法。

2.六位置标定方法

六位置标定方法就是将加速度计组合依次旋转到六个位置($0°$、$45°$、$90°$、$135°$、$180°$ 和 $270°$)，并采集各个位置上的输出，采用多元回归分析方法求得模型系数的估计。

以 X 向加速度计为例。对式(5.38)归一化处理，可得

$$A_{xi} = k_{x0} + k_{x2}\sin^2\alpha\cos^2\beta + \frac{1}{2}k_{xy2}\sin2\alpha\cos^2\beta +$$

$$\sin\theta_i(k_{x1}\cos\beta\cos\alpha + k_{xy}\cos\beta\sin\alpha) +$$

$$\cos\theta_i(-k_{x1}\sin\alpha\cos\beta + k_{xy}\cos\alpha\cos\beta) + k_{zx}\sin\beta +$$

$$\sin^2\theta_i(k_{x2}\cos^2\alpha\cos^2\beta - k_{x2}\sin^2\alpha\cos^2\beta - k_{xy2}\cos^2\beta\sin2\alpha) +$$

$$\frac{1}{2}\sin2\theta_i(k_{x2}\cos^2\beta\sin2\alpha + k_{xy2}\cos^2\beta\cos2\alpha) \tag{5.45}$$

假设

$$K_0 = k_{x0} + k_{zx}\sin\beta + k_{x2}\sin^2\alpha\cos^2\beta + \frac{1}{2}k_{xy2}\sin2\alpha\cos^2\beta \tag{5.46}$$

$$K_1 = k_{x1}\cos\beta\cos\alpha + k_{xy}\cos\beta\sin\alpha \tag{5.47}$$

$$K_2 = -k_{x1}\sin\alpha\cos\beta + k_{xy}\cos\alpha\cos\beta \tag{5.48}$$

$$K_3 = k_{x2}\cos^2\alpha\,\cos^2\beta - k_{x2}\sin^2\alpha\,\cos^2\beta - k_{xy2}\cos^2\beta\sin2\alpha \tag{5.49}$$

$$K_4 = \frac{1}{2}(k_{x2}\cos^2\beta\sin2\alpha + k_{xy2}\cos^2\beta\cos2\alpha) \tag{5.50}$$

则式(5.45)变为

$$A = K_0 + K_1\sin\theta_i + K_2\cos\theta_i + K_3\sin^2\theta_i + K_4\sin2\theta_i$$

因此各位置状态下加速度计输出为

$$A_{x1} = K_0 + K_2$$

$$A_{x2} = K_0 + K_1 + K_3$$

$$A_{x3} = K_0 - K_2$$

$$A_{x4} = K_0 - K_1 + K_3$$

$$A_{x5} = K_0 + \frac{\sqrt{2}}{2}K_1 + \frac{\sqrt{2}}{2}K_2 + \frac{1}{2}K_3 + K_4$$

$$A_{x6} = K_0 + \frac{\sqrt{2}}{2}K_1 - \frac{\sqrt{2}}{2}K_2 + \frac{1}{2}K_3 - K_4$$

则有

$$K_1 = \frac{A_{x2} - A_{x4}}{2} \tag{5.51}$$

$$K_2 = \frac{A_{x1} - A_{x3}}{2} \tag{5.52}$$

$$K_0 = \frac{A_{x1} + A_{x3}}{2} \tag{5.53}$$

$$K_3 = \frac{A_{x2} + A_{x4} - 2K_0}{2} \tag{5.54}$$

$$K_4 = \frac{A_{x5} - A_{x6} - \sqrt{2}K_2}{2} \tag{5.55}$$

由 $A_{x1} - A_{x3}$、$A_{x2} - A_{x4}$ 得到

$$\alpha + \alpha_0 \approx \arctan\frac{A_{x1} - A_{x3}}{A_{x2} - A_{x4}} \tag{5.56}$$

可得

$$
\begin{bmatrix} K_0 \\ K_1 \\ K_2 \\ K_3 \\ K_4 \end{bmatrix} = \begin{bmatrix} 1 & 0 & 0 & \sin^2\alpha & \frac{1}{2}\sin 2\alpha \\ 0 & \cos\alpha & \sin\alpha & 0 & 0 \\ 0 & -\sin\alpha & \cos\alpha & 0 & 0 \\ 0 & 0 & 0 & \cos 2\alpha & -\sin 2\alpha \\ 0 & 0 & 0 & \frac{1}{2}\sin 2\alpha & \frac{1}{2}\cos 2\alpha \end{bmatrix} \begin{bmatrix} k_{x0} + k_{zx}\sin\beta \\ k_{x1} \\ k_{yx} \\ k_{x2} \\ k_{xy2} \end{bmatrix}
$$

$$(5.57)$$

令

$$
\boldsymbol{\phi}_x = \begin{bmatrix} 1 & 0 & 0 & \sin^2\alpha & \frac{1}{2}\sin 2\alpha \\ 0 & \cos\alpha & \sin\alpha & 0 & 0 \\ 0 & -\sin\alpha & \cos\alpha & 0 & 0 \\ 0 & 0 & 0 & \cos 2\alpha & -\sin 2\alpha \\ 0 & 0 & 0 & \frac{1}{2}\sin 2\alpha & \frac{1}{2}\cos 2\alpha \end{bmatrix}
$$

$$(5.58)$$

$$\boldsymbol{K}_x = \begin{bmatrix} K_0 & K_1 & K_2 & K_3 & K_4 \end{bmatrix}^{\mathrm{T}} \tag{5.59}$$

$$\boldsymbol{k}_x = \begin{bmatrix} k_{x0} + k_{zx}\sin\beta & k_{x1}\cos\beta & k_{xy}\cos\beta & k_{x2}\cos^2\beta & k_{xy2}\cos^2\beta \end{bmatrix}^{\mathrm{T}} \tag{5.60}$$

当 $\alpha \neq k\pi + \dfrac{\pi}{4}$ 且 $\alpha \neq k\pi + \dfrac{\pi}{2}, \beta \neq k\pi + \dfrac{\pi}{2}$ 时，式(5.57) 可以表示成

$$\boldsymbol{k}_x = \boldsymbol{\phi}_x^{-1} \boldsymbol{K}_x \tag{6.61}$$

同理可以得到

$$\boldsymbol{k}_y = \begin{bmatrix} k_{y0} + k_{zy}\sin\beta & k_{y1}\cos\beta & k_{xy}\cos\beta & k_{y2}\cos^2\beta & k_{xy2}\cos^2\beta \end{bmatrix}^{\mathrm{T}}$$

对于 Z 向加速度计，其输出表示为

$$
A_z = k_{z0} + k_{xz}\sin(\theta + \alpha)\cos\beta + k_{zy}\cos(\theta + \alpha)\cos\beta + \\
k_{z1}\sin\beta + k_{z2}\sin^2\beta
$$

3. 八位置标定方法

为了得到更多的加速度计模型系数和更高的标定精度,我们采用更多的组合旋转位置。但是考虑到标定时间和操作流程等因素的要求,必须适当地选择标定的多位置方法。试验表明八位置标定方法虽然比十二位置标定方法的精度稍低一些,但是测试位置减少了 1/3,因此缩短了测试时间。八位置相对于四位置法虽然测试位置多出一倍,但是测试估计方差大幅度减小。因此综合考虑测试精度和测试时间两个方面,这里采用八位置标定方法。

根据基础公式(5.48),进一步增加模型系数,得到扩展的组合数学模型如下所示:

$$
\begin{aligned}
A_x =\ & k_{x0} + k_{xz}\sin\beta + k_{x1}\sin(\theta+\alpha)\cos\beta + k_{xy}\cos(\theta+\alpha)\cos\beta + \\
& k_{x2}\sin^2(\theta+\alpha)\cos^2\beta + k_{xy2}\sin(\theta+\alpha)\cos(\theta+\alpha)\cos^2\beta + \\
& k_{x3}\sin^3(\theta+\alpha)\cos^3\beta \\
A_y =\ & k_{y0} + k_{yz}\sin\beta + k_{yx}\sin(\theta+\alpha)\cos\beta + k_{y1}\cos(\theta+\alpha)\cos\beta + \\
& k_{y2}\cos^2(\theta+\alpha)\cos^2\beta + k_{yx2}\sin(\theta+\alpha)\cos(\theta+\alpha)\cos^2\beta + \\
& k_{y3}\cos^3(\theta+\alpha)\cos^3\beta \\
A_z =\ & k_{z0} + k_{zx}\sin(\theta+\alpha)\cos\beta + k_{zy}\cos(\theta+\alpha)\cos\beta + \\
& k_{z1}\sin\beta + k_{z2}\sin^2\beta
\end{aligned}
$$

$$(5.62)$$

以 x 向加速度计为例,加速度计各个位置的输出可以表示为

$$
\begin{aligned}
A_{xi} =\ & k_{x0} + k_{xz}\sin\beta + k_{x1}\sin(\theta_i+\alpha)\cos\beta + k_{xy}\cos(\theta_i+\alpha)\cos\beta + \\
& k_{x2}\sin^2(\theta_i+\alpha)\cos^2\beta + k_{xy2}\sin(\theta_i+\alpha)\cos(\theta_i+\alpha)\cos^2\beta + \\
& k_{x3}\sin^3(\theta_i+\alpha)\cos^3\beta \quad (i=1,2,\cdots,8)
\end{aligned}
$$

$$(5.63)$$

表示成矩阵形式为

$$
\begin{bmatrix} A_{x1} \\ A_{x2} \\ \vdots \\ A_{x8} \end{bmatrix} =
$$

$$
\begin{bmatrix}
1 & \sin(\theta_1+\alpha) & \cos(\theta_1+\alpha) & \sin(\theta_1+\alpha)\cos(\theta_1+\alpha) & \sin^2(\theta_1+\alpha) & \sin^3(\theta_1+\alpha) \\
1 & \sin(\theta_2+\alpha) & \cos(\theta_2+\alpha) & \sin(\theta_2+\alpha)\cos(\theta_2+\alpha) & \sin^2(\theta_2+\alpha) & \sin^3(\theta_2+\alpha) \\
\vdots & \vdots & \vdots & \vdots & \vdots & \vdots \\
1 & \sin(\theta_8+\alpha) & \cos(\theta_8+\alpha) & \sin(\theta_8+\alpha)\cos(\theta_8+\alpha) & \sin^2(\theta_8+\alpha) & \sin^3(\theta_8+\alpha)
\end{bmatrix}
$$

$$
\begin{bmatrix}
k_{x0}+k_{xx}\sin\beta \\
k_{x1}\cos\beta \\
\vdots \\
k_{x3}\cos^3\beta
\end{bmatrix}
\tag{5.64}
$$

对公式(5.63)进行归一化得

$$
A_{xi}=K_{x0}+K_{x1}\sin\theta_i+K_{x2}\cos\theta_i+K_{x3}\sin^2\theta_i+K_{x4}\sin\theta_i\cos\theta_i+
$$
$$
K_{x5}\sin^3\theta_i+K_{x6}\cos^3\theta_i
$$

式中

$$
\left.
\begin{aligned}
K_{x0}&=k_{x0}+k_{xx}\sin\beta+k_{x2}\sin^2\alpha\cos^2\beta+\frac{1}{2}k_{xy2}\sin2\alpha\cos^2\beta \\
K_{x1}&=k_{x1}\cos\beta\cos\alpha+k_{xy}\cos\beta\sin\alpha+3k_{x3}\cos^3\beta\sin^2\alpha\cos\alpha \\
K_{x2}&=-k_{x1}\sin\alpha\cos\beta+k_{xy}\cos\alpha\cos\beta+3k_{x3}\cos^3\beta\cos^2\alpha\sin\alpha \\
K_{x3}&=k_{x2}\cos^2\alpha\cos^2\beta-k_{x2}\sin^2\alpha\cos^2\beta-k_{xy2}\cos^2\beta\sin2\alpha \\
K_{x4}&=\frac{1}{2}(k_{x2}\cos^2\beta\sin2\alpha+k_{xy2}\cos^2\beta\cos2\alpha) \\
K_{x5}&=k_{x3}\cos^3\beta\cos^3\alpha-3k_{x3}\cos^3\beta\sin^2\alpha\cos\alpha \\
K_{x6}&=k_{x3}\cos^3\beta\sin^3\alpha-3k_{x3}\cos^3\beta\cos^2\alpha\sin\alpha
\end{aligned}
\right\}
\tag{5.65}
$$

因此公式(5.64)可以表示成

$$
\begin{bmatrix}
A_{x1} \\
A_{x2} \\
\vdots \\
A_{x8}
\end{bmatrix}
=
\begin{bmatrix}
1 & \sin\theta_1 & \cos\theta_1 & \sin\theta_1\cos\theta_1 & \sin^2\theta_1 & \sin^3\theta_1 & \cos^3\theta_1 \\
1 & \sin\theta_2 & \cos\theta_2 & \sin\theta_2\cos\theta_2 & \sin^2\theta_2 & \sin^3\theta_2 & \cos^3\theta_2 \\
\vdots & \vdots & \vdots & \vdots & \vdots & \vdots & \vdots \\
1 & \sin\theta_8 & \cos\theta_8 & \sin\theta_8\cos\theta_8 & \sin^2\theta_8 & \sin^3\theta_8 & \cos^3\theta_8
\end{bmatrix}
\begin{bmatrix}
K_{x0} \\
K_{x2} \\
\vdots \\
K_{x6}
\end{bmatrix}
$$

令

$$\boldsymbol{\Phi} = \begin{bmatrix} 1 & \sin\theta_1 & \cos\theta_1 & \sin\theta_1\cos\theta_1 & \sin^2\theta_1 & \sin^3\theta_1 & \cos^3\theta_1 \\ 1 & \sin\theta_2 & \cos\theta_2 & \sin\theta_2\cos\theta_2 & \sin^2\theta_2 & \sin^3\theta_2 & \cos^3\theta_2 \\ \vdots & \vdots & \vdots & \vdots & \vdots & \vdots & \vdots \\ 1 & \sin\theta_8 & \cos\theta_8 & \sin\theta_8\cos\theta_8 & \sin^2\theta_8 & \sin^3\theta_8 & \cos^3\theta_8 \end{bmatrix}$$

$$\boldsymbol{A} = \begin{bmatrix} A_{x1} \\ A_{x2} \\ \vdots \\ A_{x8} \end{bmatrix}, \quad \boldsymbol{K}_x = \begin{bmatrix} K_{x0} \\ K_{x2} \\ \vdots \\ K_{x6} \end{bmatrix}$$

求得 $\boldsymbol{K}_x$ 后根据公式(5.65),我们可以求得加速度计的静态数学模型参数

$$\boldsymbol{K}_x = \begin{bmatrix} k_{x0} + k_{xz}\sin\beta & k_{x1}\cos\beta & k_{xy1}\cos\beta & k_{x2}\cos^2\beta & k_{xy2}\cos^2\beta & k_{x3}\cos^3\beta \end{bmatrix}$$

$$(5.66)$$

从上面分析可以发现,不论采用多少个位置的标定方法,都无法排除滚动角 β 对标定系数的影响。在滚动角小于 $7'$ 时,对加速度计 5×10^{-5} 的标定精度影响较小。但是为了得到加速度计更高的标定精度,需要采用一定的措施减小滚动角的影响。

5.2.3　自标定加速度计组合滚动角的补偿

解决滚动角的方法主要有两个:一是通过加速度计自身来测量滚动角,在工程实际应用中,由于加速度计的测量精度很高,在许多精密测量中采用加速度计来测量角度,因此在自标定机构中完全可以采用加速度计自身良好的精度来测量其在测试时的滚动角。二是在机构中添加测角装置。

使用加速度计测量滚动角可以满足精度要求,但是如果将加速度计的测试周期放宽到 1 年,Z 向加速度计的测角精度可能无法满足。为此考虑在旋转机构中加入角度测量装置。这样 X、Y 向加速度计的测量就不会受到 Z 向加速度计的稳定期限制。不过这种方法无疑增加了自标定组合的结构复杂性和成本以及组合的总体质量。因此本书中主要讨论利用 Z 向加速度计测量滚动角补偿方式。

　　在加速度计重力场翻转试验中,分度头倾斜时加速度计敏感沿加速度计方向的重力加速度的分量。加速度计测量角度就是根据加速度计在重力场中敏感重力加速度的作用,倾斜角的存在使得加速度计敏感到倾斜角,从而反推出角度的大小。因此利用 Z 向加速度计可以测量旋转机构绕 X 向加速度计滚动角度,该角度也就是 Z 向加速度计的倾斜角。

　　简化加速度计的静态数学模型如下:

$$U_{\text{out}} = k_0 + k_1 g \sin\theta \tag{5.67}$$

式中,U_{out} 为输出电压;k_1 为加速度计的标度因数;k_0 为加速度计的零偏;g 为重力加速度;θ 为加速度计的水平倾角。

　　当加速度计水平放置时,也就是说加速度计的敏感轴处于水平状态,矢量 g 在敏感轴上的投影为零,此时加速度计的输出值理论上为零,但零偏的存在使得加速度计的输出不为零。当加速度计与水平面存在一倾斜角 θ 时,此时加速度计的输出电压信号可以表示成公式(5.67)。因此反算角度 θ 可得到:

$$\theta = \arcsin\left[(U_{\text{out}} - k_0)/k_1 g\right] \tag{5.68}$$

第6章 惯导系统自检测技术

随着现代武器的发展和技术的进步,惯导系统的结构越来越复杂,功能越来越完善,自动化程度也越来越高。采用惯导系统自检测技术,可以随时发现故障,进行故障诊断和数据输出。包括惯导系统信息状态管理、故障检测以及健康状态评估。

6.1 惯导系统信息状态管理系统

惯导系统自检测技术是建立在信息化管理基础上的。因此首先需要建立惯导系统信息状态管理系统。惯导系统的信息包括基本信息、履历信息和测试信息3部分。惯导系统从生产、调试到应用的整个过程中会积累大量的测试数据和测试信息,为信息管理和数据分析奠定了基础。这些信息是对惯导系统性能的直接反映,通过分析这些信息有利于了解和挖掘现有惯导系统的性能,掌握惯导系统的应用状态。

惯导系统信息状态管理系统主要由信息管理、数据分析和性能检测3大部分组成,如图6.1所示。

6.1.1 信息管理

信息管理是惯导系统测试数据分析与性能评估系统的基础,信息管理的主要工作是确定信息内容及性质、信息的录入与编排。信息管理内容包括基本信息管理、履历信息管理、测试数据管理及其信息的录入四部分。

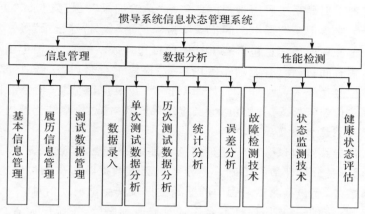

图 6.1 惯导系统信息状态管理系统框图

1.基本信息管理模块

惯导系统基本信息管理模块的功能是将惯导系统基本信息录入并进行集中管理。基本信息包括惯导系统生产基本信息、使用管理基本信息和惯导系统技术基本信息,详细见表 6.1。

表 6.1 惯导系统基本信息表

惯导系统生产基本信息	惯导系统编号、批次、组号、型号、出厂时间、生产厂家
惯导系统使用管理基本信息	惯导系统类型、使用时间、存放时间、使用单位
惯导系统技术基本信息	最近测试时间、测试次数、技术参数、稳定性、技术状态、性能等级、决策意见

基本信息管理模块中,主要的基本信息是自动生成,基本信息管理功能包括基本信息的修改、查询、删除、输出、添加等。

2.履历信息管理模块

惯导系统履历信息管理模块的功能是将履历信息录入并进行集

中管理。惯导系统履历管理信息包括"运输记录""保存记录""更换记录""交接记录""通电时间记录""检修记录"和"特殊记录"等。

每一项履历信息包含若干具体项目和参数。例如"运输记录"包含运输时间、里程、有无刹车等内容。"检修记录"包括送修时间、送修单位及送修人,故障时间、故障部位、现象及原因分析,检修时间、检修单位及检修人、检修负责人、检修采取的措施、检修结论等内容。

3.测试数据管理模块

惯导系统测试数据管理是信息管理中的重点,其数量庞大且十分重要,是分析评估的基础。惯导系统测试数据除历次测试中得到的参数外,还包括测试过程中的原始数据及其测试辅助信息。

测试数据及其他信息不允许随意修改和删除,系统应设置权限保护测试数据及其他信息的完整性和准确性。

4.数据录入模块

数据录入是系统生存和维持的基础。数据录入有以下三种方式:手工录入、电子文件自动导入和系统运行自动生成。

(1)手工录入。惯导系统的生产基本信息、使用基本信息及履历信息等完全要靠人员手工输入,一般由管理级人员录入,但必须授权。

(2)电子文件自动录入。惯导系统测试中会生成数据文件和文本文件,数据文件包括原始数据文件和标定结果数据文件。导入时由系统自动分析每一个导入的数据文件,分析文件格式是否有误;然后进行分析测试,判断库中是否已存在。如数据文件已存在,则确定是否覆盖后,再决定是否导入。

(3)系统自动生成。每组新数据录入后,系统会对录入的新数据根据合格性要求和稳定性要求进行检验处理,并刷新基本信息库内容。即对最近一次测试数据做"技术参数分析"和"稳定性分析",根据分析的结果生成"技术性能"和"决策意见"结论,并刷新"最近测试时间""测试次数""技术参数""稳定性""技术性能"和"决策意见"的结论信息。

6.1.2　数据分析

惯导系统测试数据分析是系统分析评估的基础,它包括单次测试数据分析、历次测试数据分析、批量惯导系统统计分析和测试数据误差分析 4 部分。

数据分析的目的是检验惯导系统测试数据的合格性、稳定性和准确性,探索惯导系统测试数据的规律,为惯导系统性能评估提供理论基础和依据。具体有以下四个方面:

(1)单次测试数据分析的目的是揭示惯导系统的单次通电特性,检验测试数据的合格性和稳定性,为惯导系统稳定性分析、惯导系统技术性能评定和惯导系统性能等级评定提供依据。

(2)历次测试数据分析的目的是揭示惯导系统的逐次通电统计特性,以便在统计分析的基础上实现对惯导系统静态性能的分析;建立时间序列模型并对模型进行分析,来研究惯导系统误差系数的变化趋势及动态性能。

(3)批量惯导系统统计分析的目的是通过一定数量惯导系统的合格性和稳定性的统计分析,为测试设备性能评估、惯导系统性能评估、超差原因分析、测试工作总结和使用决策提供量化的科学依据。

(4)测试数据误差分析的目的是利用原始测试数据进行误差分析,以分离惯导系统及陀螺、加速度计的安装误差,为惯导系统精确测试及测试参数的精度提供保证。

1.单次测试数据分析模块

"技术参数"是惯导系统的主要技术指标,单次测试数据分析主要分析检验技术参数的合格性和稳定性。

(1)单次测试数据合格性分析。单次测试数据合格性分析的目的是分析所有误差系数的合格性,以便得到惯导系统的合格性结论。每个误差系数都要满足合格性指标要求,对最近一次测试数据进行合格性检验后,会自动生成"合格""不合格""临界不合格"和"修正合格"4 种结论。"临界不合格"是不合格状态,但测试数据接近指标要求值(临界状态),为要求值的 100%~105%。"修正合格"是排除惯导系统安装误差影响后,进行修正检验后合格的测试数据。所有测试数据检验"合格"后,惯导系统的"技术参数"状态定义为"合格"状态,反之为"不合格"或"临界不合格"或"修正合格"状态。

(2)单次测试数据稳定性分析。单次测试数据稳定性分析的目的是分析检验当前所有误差系数的稳定性,以便进一步分析惯导系统稳定性。每个误差系数都要满足稳定性指标要求,对最近一次测试数据进行稳定性检验后,会自动生成"稳定""不稳定""临界稳定"和"临界不稳定"4 种结论。"临界稳定"状态值为指标要求值的95%~100%,"临界不稳定"状态值为指标要求值的 100%~105%。

2. 历次测试数据分析模块

历次测试数据是惯导系统历史上所有单次测试数据,包括工厂稳定测试数据和出厂时的测试数据,是单次测试数据的集合。分析内容包括历次测试数据的统计分析和历次测试数据建模分析两部分。

(1)历次测试数据统计分析。历次测试数据统计分析的目的是为了建立惯导系统的逐次通电统计特性,以便进行惯导系统长期稳定性分析。历次测试数据的统计分析包括长期统计分析和短期统计分析。长期统计分析主要是分析惯导系统从出厂的稳定测试一直到交付使用测试的所有测试结果,以评定其长期特性;短期统计分析主要是分析惯导系统稳定期内的测试数据以评定惯导系统的短期特性。

1)长期统计分析:主要分析惯导系统交付使用后的所有测试数据,进行单套惯导系统长期统计特性分析,以综合评价惯导系统的全寿命性能,为评定惯导系统性能提供理论依据。

2)保持期统计分析:主要分析惯导系统保持期内的测试数据,进行单套惯导系统使用期内的统计特性分析,为可靠、精确地使用惯导系统数据提供保证。

3)短期统计分析:主要分析惯导系统一周内的测试数据,以评定惯导系统的短期特性,为使用分析排除惯导系统故障和决策使用提供依据。

(2)历次测试数据建模分析。历次测试数据建模分析的目的是通过建立惯导系统的逐次通电时间序列模型,以分析和预测估计惯导系统误差系数随时间变化的趋势及其动态性能,为惯导系统技术性能评估和使用决策提供理论依据。

3. 批量惯导系统统计分析模块

批量惯导系统数据统计分析的目的是通过一定数量惯导系统的合格性和稳定性的统计分析,为测试设备性能评估、惯导系统性能评估、超差原因分析、测试工作总结和使用决策提供量化的科学依据。可以选择不同时期、不同批次、不同工位等各种情况的批量惯导系统进行统计分析。统计分析结果会自动录入统计表中,表中既有每套惯导系统的统计分析情况,又有批量惯导系统测试的统计分析情况,并可储存或打印输出。

4. 测试数据误差分析模块

测试误差分析的目的是利用原始测试数据进行误差分析,以分离惯导系统安装误差,为惯导系统精确测试及测试参数的精度提供保证。误差分析包括惯导系统安装误差(含设备安装误差)分析,以及惯导系统上陀螺、加速度计和棱镜安装误差修正检验等内容。

(1)惯导系统安装误差分析。惯导系统安装误差分析的目的是利用惯导系统安装误差模型对原始数据的分析,分离安装误差角,保证测试精度。惯导系统安装误差是惯导系统已安装在转台上后,存在于惯导系统与转台之间的误差角。通过对加速度计位置标定原始数据的分析,可以分离惯导系统相对于转台的安装误差角。有南北向和东西向两个安装误差角,南北向水平误差角定义为 α,东西向水平误差角定义为 β,使加速度计敏感向下加速度为正,反之为负。安装误差包括惯导系统与转台之间的安装误差,转台的水平调整误差,以及转台三轴之间的安装误差等。由于转台三轴之间存在安装误差,因此惯导系统在转台上的不同定向导致其水平误差角也不相同,

因此南北向误差角 α 和东西向误差角 β 又分 X 向、Y 向、Z 向 6 个安装误差角(即 α_x、α_y、α_z 和 β_x、β_y、β_z)。

(2)安装误差修正检验。惯导系统安装误差修正检验的目的是确保陀螺和加速度计安装误差系数,以及棱镜安装误差角的准确性。惯导系统上陀螺和加速度计的安装误差,是陀螺和加速度计与惯导系统本体(基座)间的安装误差,标定陀螺和加速度计的安装误差系数是在转台上,由于惯导系统与转台之间存在安装误差,因此它会影响到陀螺和加速度计安装误差系数的精确标定。如果陀螺、加速度计和棱镜存在不合格安装误差角,采取误差修正检验方案。即陀螺和加速度表的安装误差系数 K_{ij}、E_{ij}(i、j 代表 X、Y、Z),以及棱镜安装误差角 X_0 与 Y_0,如果不合格,则要根据安装误差修正模型进行修正,然后再进行合格性分析判断,以保证陀螺和加速度表安装误差系数,以及棱镜安装误差角的准确性。

6.1.3 性能检测

性能检测是惯导系统信息状态管理系统的核心,包括惯导系统故障检测、状态监测以及健康状态评估三个部分。

1.惯导系统故障检测模块

惯导系统故障检测模块主要是按照惯导系统先验信息和输入/输出关系,建立其系统故障模型,作为故障检测与诊断的依据。从可测或不可测的估计变量中,判断系统运行的状态。

2.惯导系统状态监测模块

惯导系统状态监测主要分为上电自监测和周期性自检测。上电自监测主要是通电后,监测陀螺仪、加速度计的输出、通信、供电电源和位置状态等信息。周期性自检测主要是检测惯导系统内部温度信息、二次电源信息以及频标信号等信息。

3.惯导系统健康状态评估

(1)惯导系统技术性能评定模块。"技术性能"是惯导系统技术状态的综合评定结论,由最近一次数据的合格性检验结果,以及最近三次测试数据的稳定性检验结果自动综合判定。

惯导系统技术性能分"优等""稳定""再测""观察""不稳定"和"不合格"6 种技术状态。如果最近测试参数不符合技术指标要求（即合格性检验不合格），则惯导系统"技术性能"为"不合格"。如果最近测试参数符合技术指标要求，则惯导系统"技术性能"由最近两次惯导系统稳定性检验结果以及测试时间间隔决定。

（2）惯导系统性能等级评定模块。惯导系统性能等级是在惯导系统技术参数分析检验、惯导系统稳定性分析和惯导系统技术状态分析的基础上，充分考虑惯导系统的其他信息，这些信息包括维修纪录、观察期情况、储存期和使用寿命等，依据惯导系统性能等级评定规则得出评定结论。可以说"性能等级"是惯导系统性能经过全面分析评估后的结论。

惯导系统性能等级分为四等，分别为一、二、三、四等。前三等自动判定生成结论后录入基本信息库，四等由人工判定生成后录入基本信息库。

6.2　惯导系统故障检测技术

故障诊断是利用被诊断系统运行中的各种状态信息和已有的各种知识进行信息的综合处理，最终得到关于系统运行状况和故障状况综合评价的过程。本节主要研究基于支持向量机的惯导系统故障诊断理论及方法。

6.2.1　统计学习理论

统计学习理论被认为是目前针对小样本统计估计和预测学习的最佳理论。它从理论上系统地研究了经验风险最小化（Empirical Risk Minimization，ERM）原则成立的条件、有限样本下经验风险与期望风险的关系以及如何利用这些理论找到新的学习原则和方法的问题。统计学习理论用 VC 维来描述学习机器的容量，并从控制学

习及其容量的思想出发,结合经验风险和训练样本数目,导出了期望风险在不同情况下的一组风险上界。这些界具有如下特点:

(1)这些界是通用的,与具体数据的分布无关;

(2)在小样本情况下同样成立。

在实际训练过程中,可以通过最小化风险上界,实现对学习机器的优化,因此所得到的学习机器的复杂度能受到很好的控制,即使在小样本情况下也同样具有比较高的泛化能力。

1. VC 维

学习算法推广能力的分析是学习机器性能和发展新的学习算法的重要基础,它是建立在 VC 维基础上的。VC 维是统计学习理论中的一个核心概念,它是目前为止对函数学习性能的最好描述指标。VC 维可作为函数族 F 复杂度的度量。它是一个自然数,表示无论以何种组合方式出现均可被函数族 F 正确划分为两类向量个数的最大值。由于基于统计的学习机器可以由一族函数 $\{f(x,\alpha),\alpha \in \Lambda\}$ 表征。因此,$\{f(x,\alpha),\alpha \in \Lambda\}$ 的 VC 维也表征了该学习机器的 VC 维。它表征了学习机器的最大学习能力,是学习机器容量的一种度量。

定义 6.1(VC 维):设 F 为一个从 n 维向量×到$\{0,1\}$ 的函数族,则 F 的 VC 维为×子集 E 的最大元素数,其中 E 满足:对于任意 $S \subseteq E$,总存在函数 $f \in F$,使得当 $x \in S$ 时,$f(x)=1,x \notin S$,但 $x \in E$ 时,$f(x)=0$。

模式识别方法中 VC 维直观定义是:对一个指示函数集,如果存在 h 个样本能够被函数集里的函数按照所有可能的 2^h 种形式分开,则称函数集能够把 h 个样本打散。函数集的 VC 维就是它能打散的最大样本数目 h。若对任意数目的样本都有函数能将它们打散,则函数集的 VC 维就是无穷大的。有界实函数集的 VC 维可以通过用一定的阈值将它转化成指示函数集来定义。

VC 维反映了函数集的学习能力。一般而言,VC 维越大则学习机器越复杂,学习容量越大。目前尚没有通用的关于任意函数集

VC 维计算的理论,只对一些特殊的函数集知道其 VC 维。一般地,在 n 维空间 R^n 中,最多只能有 n 个点是线性独立的,因此 R^n 空间超平面的 VC 维是 $n+1$。

但是对于非线性学习机器而言,VC 维与独立参数的个数之间并没有明确的对应关系,非但如此,在非线性情况下学习机器的 VC 维通常是无法计算的。但是实际中在应用统计学习理论时,我们可以通过变通的办法巧妙地避开直接求 VC 维的问题。

2. 推广能力的界

统计学习理论关于函数集推广能力的界有如下结论。

定理 6.1: 对于指示函数集 $f(x, \alpha)$,如果损失函数 $Q(x, y, \alpha) = L(x, y, f(x, \alpha))$ 的取值为 0 或 1,对所有函数,则经验风险和实际风险之间至少以概率 $1 - \eta$ 满足如下关系:

$$R(\alpha) \leqslant R_{\text{emp}}(\alpha) + \sqrt{\frac{h(\ln(2l/h)) - \ln(\eta/4)}{l}} \qquad (6.1)$$

其中,l 是样本数;h 是学习机器的 VC 维。

上述定理告诉我们,在经验风险最小化原则下,学习机器的实际风险是由两部分组成的,式(6.1)可简写作 $R(\alpha) \leqslant R_{\text{emp}}(\alpha) + \Phi(l/h)$,其中第一部分为训练样本的经验风险,第二部分称作置信区间。从界的表达式可以看出,置信区间不但受置信水平 $1 - \eta$ 的影响,而且更是函数集的 VC 维和训练样本数目的函数,且随着它的增加而单调减小。定理给出的是关于经验风险和真实风险之间差距的上界,它们反映了根据经验风险最小化原则得到的学习机器的推广能力,被称为推广能力的界。

对于数目为 l 的样本,如果比值 l/h(训练样本数目与学习机器函数 VC 维的比值)小于 20,即 $l/h < 20$,则这样的样本集为小样本。进一步的分析发现,当 l/h 较小时,置信区间较大,用经验风险近似真实风险时就有较大的误差,用经验风险最小化得到的最优解可能具有较差的推广能力;如果样本数目较多,当 l/h 较大时,则置信区间就会小,经验风险最小化的最优解就接近实际的最优解。

另一方面,对于一个特定的问题,当样本数目 l 固定时,学习机器的 VC 维越高,即复杂性越高,置信区间就越大,导致真实风险与经验风险之间可能的差就越大。因此,在设计学习机器时,不但要使经验风险最小化,还要使 VC 维尽量小。从而缩小置信区间,使期望风险最小。这就是一般情况下选用过于复杂的分类器和神经网络往往得不到好的效果的原因。

因此,要使训练好的学习机器具有较好的泛化能力,需要在 VC 维与训练集规模之间取得某种较好的折中。

3. 结构风险最小化原则

经验风险最小化(ERM)原则是从样本无穷大假设下出发的,这一原则还可以通过考虑推广能力界的不等式来证明。当 l/h 较大时,置信区间就变得较小,于是实际风险就接近经验风险的分值,较小的经验风险值能够保证期望风险值也较小。然而如果 l/h 较小,那么一个小的 $R_{\mathrm{emp}}(\alpha)$ 并不能保证小的实际风险值。在这种情况下,要最小化实际风险 $R(\alpha)$,应当对经验风险和置信区间同时最小化。因此在传统的机器学习方法中,普遍采用的经验风险最小化的原则在样本数目有限时是不合理的,因为我们需要同时最小化经验风险和置信区间。事实上,在传统的方法中,我们选择学习模型和算法的过程就是优化置信范围的过程,例如在神经网络中,由于神经网络的 VC 维取决于网络结构中可调参数的数目,而后者又是由网络拓扑结构确定的,所以网络的 VC 维与网络的拓扑结构之间有必然的联系,在给定训练集的情况下,如果我们能求出合适的 VC 维,则可以帮助确定网络的结构,因此需要根据问题和样本的具体情况来选择网络结构,然后进行经验风险最小化。这种做法实际就是首先确定 $\Phi(l/h)$,然后固定 $\Phi(l/h)$,利用经验风险最小化求最小风险。这种选择往往是依赖经验进行的,过分依赖于使用者的技巧。

统计学习理论利用推广能力界的理论寻找解决策略。这就使定义函数 $Q(x,y,\alpha),\alpha \in \Lambda$ 的集合 S 具有一定的结构。这一结构是由一系列嵌套的函数子集 $S_k = \{Q(x,y,\alpha),\alpha \in \Lambda_k\}$ 组成的(见图

6.2)。它们满足 $S_1 \subset S_2 \subset \cdots \subset S_n \subset \cdots$，其中结构中的元素满足下面两个性质。

（1）每个函数集 S_k 的 VC 维 h_k 是有限的，因此，$h_1 \subset h_2 \subset \cdots \subset h_n \subset \cdots$。

（2）结构的任何元素 S_k 包含一个完全有界函数的集合 $0 \leqslant Q(x,y,\alpha) \leqslant B_k, \alpha \in \Lambda_k$。

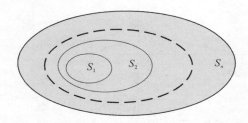

图 6.2　函数集的结构是由嵌套的函数子集确定的

这样在同一个子集中置信区间就相同，在每一个子集中寻找最小经验风险。选择最小化经验风险与置信区间之和最小的子集，就可以使期望风险达到最小。这个子集中使经验风险最小的函数就是所要求的最优函数。这种思想称作结构风险最小化（Structure Risk Minimization，SRM）原则。对于一个给定的观测集 $\{(x_1,y_1),\cdots,(x_l,y_l)\}$，SRM 原则在保证风险最小化的子集 S_k 中选择使经验风险最小的函数 $Q(x,y,\alpha_l)$。SRM 原则定义了在对给定数据逼近的精度和逼近函数的复杂性之间的一种折中。随着子集序号的增加，经验风险的最小值减少，但决定置信范围的项却增加。SRM 原则通过选择子集 S_k 将这两者都考虑在内，最小化经验风险得到了实际的最好的界。图 6.3 为风险界的示意图，在函数子集 S^* 中，数据逼近的精度和逼近函数的复杂性之间取得了一种最佳折中，这时模型有最好的推广能力。

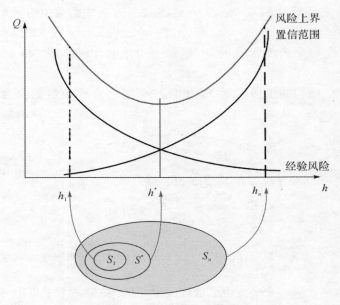

图 6.3   风险界的示意图

结构风险最小化原则为我们提供了一种不同于经验风险最小化的更科学的学习机器设计原则。但是,这个原则的实现并不容易,这里的关键是如何构造函数子集的结构。然而,如何构造预测函数子集的结构到目前无一般性理论。我们将在下面一小节介绍一种具有控制推广能力的学习机器——支持向量机的构造方法。

6.2.2   支持向量分类机

1. 线性可分支持向量机

支持向量机方法是从线性可分情况下的最优分类超平面提出的。对于两分类问题,假定 n 个样本的训练集为

$$D = \{(x_i, y_i) \mid i = 1, 2, \cdots, n\}, \quad x_i \in R^n, y_i = \{+1, -1\}$$

能被一个超平面 $H: \omega \cdot x + b = 0$ 没有错误地分开,并且离超平面最近的向量与超平面之间的距离(称为分类间隔)是最大的,该超平面

就称为最优超平面,如图 6.4 所示。

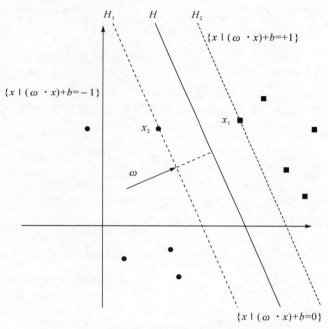

图 6.4　支持向量机最优超平面示意图

定义两个标准超平面有 $H_1: \boldsymbol{\omega} \cdot \boldsymbol{x} + b = +1$ 和 $H_2: \boldsymbol{\omega} \cdot \boldsymbol{x} + b = -1$,其中,$H_1$ 和 H_2 分别为过各类中离分类超平面最近的样本且平行于分类超平面的平面,它们之间的距离就是分类间隔。因为点 (x_0, y_0) 到直线 $Ax + By + C = 0$ 的距离计算公式是 $\dfrac{|Ax_0 + By_0 + C|}{\sqrt{A^2 + B^2}}$,则 H_1 到分类超平面 H 的距离为

$$\frac{|\boldsymbol{\omega} \cdot \boldsymbol{x} + b|}{\|\boldsymbol{\omega}\|} = \frac{1}{\|\boldsymbol{\omega}\|} \tag{6.2}$$

H_1 和 H_2 的距离为 $\dfrac{2}{\|\boldsymbol{\omega}\|}$。

为了最大化超平面的分类问题,应该最小化 $\|\boldsymbol{\omega}\|^2 = \boldsymbol{\omega}^{\mathrm{T}} \boldsymbol{\omega}$,并

且保证 H_1 和 H_2 之间没有样本存在,即训练集 D 中所有的 n 个样本 (x_i, y_i) 都应当满足

$$\left.\begin{array}{l} \boldsymbol{\omega} \cdot \boldsymbol{x}_i + b \geqslant + 1, y_i = +1 \\ \boldsymbol{\omega} \cdot \boldsymbol{x}_i + b \leqslant + 1, y_i = -1 \end{array}\right\} \qquad (6.3)$$

两个约束条件合并为

$$y_i[(\boldsymbol{\omega} \cdot \boldsymbol{x}_i) + b] - 1 \geqslant 0, \quad i = 1, 2, \cdots, n \qquad (6.4)$$

因此,支持向量机的目的就是采用下式构建分类超平面对所有样本正确分类:

$$\min_{\boldsymbol{\omega}, b} \frac{1}{2} \| \boldsymbol{\omega} \|^2 = \min_{\boldsymbol{\omega}, b} \frac{1}{2} \boldsymbol{\omega}^{\mathrm{T}} \boldsymbol{\omega} \qquad (6.5)$$

$$\mathrm{s.\,t.\,} y_i[(\boldsymbol{\omega} \cdot \boldsymbol{x}_i) - b] - 1 \geqslant 0, \quad i = 1, 2, \cdots, n$$

这是一个凸二次规划优化问题,其解可通过求解下面的拉格朗日函数获得,即

$$L(\boldsymbol{\omega}, b, \boldsymbol{\alpha}) = \frac{1}{2} \boldsymbol{\omega}^{\mathrm{T}} \boldsymbol{\omega} - \sum_{i=1}^{n} \alpha_i \{ y_i[\boldsymbol{\omega} \cdot \boldsymbol{x}_i + b] - 1 \} \qquad (6.6)$$

式中: $\boldsymbol{\alpha} = (\alpha_1, \alpha_2, \cdots, \alpha_n)^{\mathrm{T}}$, $\alpha_i \geqslant 0$ 为拉格朗日乘子,满足 $\displaystyle\sum_{y_i=1} \alpha_i = 1$, $\displaystyle\sum_{y_i=-1} \alpha_i = 1$。

分别对式(6.6)中 $\boldsymbol{\omega}$ 和 b 求偏导数,并令它们等于 0,有

$$\left.\begin{array}{l} \dfrac{\partial L(\boldsymbol{\omega}, b, \boldsymbol{\alpha})}{\partial \omega} = 0 \Rightarrow \omega = \displaystyle\sum_{i=1}^{n} \alpha_i y_i x_i \\[4mm] \dfrac{\partial L(\boldsymbol{\omega}, b, \boldsymbol{\alpha})}{\partial b} = 0 \Rightarrow \displaystyle\sum_{i=1}^{n} \alpha_i y_i = 0 \end{array}\right\} \qquad (6.7)$$

将式(6.7)代入式(6.6)有

$$L(\boldsymbol{\omega}, b, \boldsymbol{\alpha}) = \frac{1}{2} \boldsymbol{\omega}^{\mathrm{T}} \boldsymbol{\omega} - \sum_{i=1}^{n} \alpha_i \{ y_i[\boldsymbol{\omega} \cdot \boldsymbol{x}_i + b] - 1 \} =$$

$$\frac{1}{2} \sum_{i=1}^{n} \sum_{j=1}^{n} \alpha_i \alpha_j y_i y_j (x_i \cdot x_j) -$$

$$\sum_{i=1}^{n} \sum_{j=1}^{n} \alpha_i \alpha_j y_i y_j (x_i \cdot x_j) + \sum_{i=1}^{n} \alpha_i =$$

$$\sum_{i=1}^{n} \alpha_i - \frac{1}{2} \sum_{i=1}^{n} \sum_{j=1}^{n} \alpha_i \alpha_j y_i y_j (x_i \cdot x_j) \tag{6.8}$$

这样就得到了拉格朗日函数的对偶形式,这种对偶形式更容易求解。

因此,构建最优超平面的问题就可以转化为一个较简单的对偶二次规划问题:

$$\max \quad \sum_{i=1}^{n} \alpha_i - \frac{1}{2} \sum_{i=1}^{n} \sum_{j=1}^{n} \alpha_i \alpha_j y_i y_j (x_i \cdot x_j)$$

$$\text{s. t.} \begin{cases} \sum_{i=1}^{n} y_i \alpha_i \\ \alpha_i \geqslant 0, i = 1, 2, \cdots, n \end{cases} \tag{6.9}$$

这是一个不等式约束下的凸二次规划问题,存在唯一解。

若 α_i^* 为式(6.9)的最优解,则

$$\boldsymbol{\omega}^* = \sum_{i=1}^{n} \alpha_i^* y_i x_i$$

即最优分类面的权系数向量是训练样本向量的线性组合。称训练集 D 中的输入 x_i 为支持向量,如果它对应的 $\alpha_i^* > 0$。

取值不为 0 的 α_i^* 所对应的使 $y_i[\omega x_i + b] - 1 \geqslant 0$ 等号成立的样本都位于标准超平面(见图 6.4 中的 H_1 和 H_2)上,称为支持向量,即两类样本中离分类平面最近,且平行于最优超平面的训练样本。支持向量是训练集中最能提供信息的数据(样本),它们通常只是全体样本中的很少一部分,就是支持向量机具有的一个非常重要的性质 —— 稀疏性。因此,支持向量机具有的稀疏性对于大大降低模型的复杂性有着非常重要的意义。

通常对多数样本而言,其对应的 α_i^* 为零。其他使 $\alpha_i^* = 0$ 的任意样本即使发生来回移动,只要不超越标准超平面的外部,就不会对分类面的求解产生影响。

根据 KKT 条件(拉格朗日乘子与不等式约束的乘积),这个优化问题的解还必须满足

$$\alpha_i^* \left[y_i(\boldsymbol{\omega} \cdot x_i + b) - 1 \right] = 0, \quad i = 1, 2, \cdots, n \tag{6.10}$$

通过选择不为零的 α_i^*，代入式（6.10）可求解分类阈值 b^*。

求解上述问题后得到的最优分类函数为

$$f(x) = \mathrm{sgn}\left[(\boldsymbol{\omega}^* \cdot \boldsymbol{x}) + b^* \right] = \mathrm{sgn}\left[\sum_{i=1}^n \alpha_i^* y_i (x_i \cdot x) + b^* \right]$$

$$\tag{6.11}$$

式中：$\mathrm{sgn}(\cdot)$ 为符号函数。

对于线性可分情况，采用上述的最优分类超平面算法，就可以获得经验风险误差为零，同时使分类间隔最大，即保证推广性的界的置信范围最小，从而最终可以使真实风险最小。

但是对于线性不可分和噪声情况，线性可分支持向量机并不能完全获得期望风险最小，甚至会出现过学习效果。因此，需要更好的能够满足经验风险和复杂性最有权衡的支持向量机算法。广义线性支持向量机能够解决此类问题。

2. 广义线性支持向量机

为了在线性不可分和噪声的情况下构造最优分类超平面，在约束条件中引入非负松弛变量 $\xi_i \geqslant 0, \forall i$，则训练集 D 中所有的 n 个样本 (x_i, y_i) 都应当满足

$$\left. \begin{aligned} \boldsymbol{\omega} \cdot x_i + b \geqslant +1 - \xi_i, \quad y_i = +1 \\ \boldsymbol{\omega} \cdot x_i + b \leqslant -1 + \xi_i, \quad y_i = -1 \end{aligned} \right\} \tag{6.12}$$

两个约束条件合并为

$$y_i \left[(\boldsymbol{\omega} \cdot x_i) + b \right] - 1 + \xi_i \geqslant 0, \quad i = 1, 2, \cdots, n \tag{6.13}$$

求解广义最优分类超平面，可转化为

$$\min_{\boldsymbol{\omega}, b, \xi} \frac{1}{2} \boldsymbol{\omega}^{\mathrm{T}} \boldsymbol{\omega} + C \sum_{i=1}^n \xi_i$$

$$\text{s.t.} \left. \begin{aligned} y_i \left[(\boldsymbol{\omega} \cdot x_i) + b \right] - 1 + \xi_i \geqslant 0 \\ \xi_i \geqslant 0, i = 1, 2, \cdots, n \end{aligned} \right\} \tag{6.14}$$

式中：$C(C > 0)$ 为规则化参数，决定了经验风险和复杂性（VC维）之间的权衡。

式(6.14) 的求解能够既保持基于 VC 维的上界小，又通过最小化 $\sum\limits_{i=1}^{n}\xi_i$ 满足经验风险最小化。

同样通过构造以下的拉格朗日函数来求解：

$$L(\boldsymbol{\omega},b,\boldsymbol{\xi},\boldsymbol{\alpha},\beta)=\frac{1}{2}\boldsymbol{\omega}^{\mathrm{T}}\boldsymbol{\omega}+C\sum_{i=1}^{n}\xi_i-$$
$$\sum_{i=1}^{n}\alpha_i\left\{y_i\left[(\boldsymbol{\omega}\cdot x_i)+b\right]-1+\xi_i\right\}-\sum_{i=1}^{n}\beta_i\xi_i \tag{6.15}$$

式中：$\alpha_i\geqslant 0,\beta_i\geqslant 0$ 为拉格朗日乘子。

分别对 ω,b 和 ξ_i 求偏导数，并令它们等于 0，有

$$\left.\begin{aligned}\frac{\partial L}{\partial \omega}&=0\Rightarrow\boldsymbol{\omega}=\sum_{i=1}^{n}\alpha_iy_ix_i\\\frac{\partial L}{\partial b}&=0\Rightarrow\sum_{i=1}^{n}\alpha_iy_i=0\\\frac{\partial L}{\partial \xi_i}&=0\Rightarrow C-\alpha_i-\beta_i=0\end{aligned}\right\} \tag{6.16}$$

因为 $\alpha_i\geqslant 0,\beta_i\geqslant 0$，由 $C-\alpha_i-\beta_i=0$ 可得 $0\leqslant\alpha_i\leqslant C$。

将式(6.16) 代入拉格朗日函数式(6.15) 中，可得

$$L(\boldsymbol{\omega},b,\boldsymbol{\xi},\boldsymbol{\alpha},\beta)=\sum_{i=1}^{n}\alpha_i-\frac{1}{2}\sum_{i=1}^{n}\sum_{j=1}^{n}\alpha_i\alpha_jy_iy_j(x_i\cdot x_j) \tag{6.17}$$

即构建广义最优超平面的问题可转化为求解下面的对偶二次规划问题：

$$\max_{\boldsymbol{\alpha}}=\sum_{i=1}^{n}\alpha_i-\frac{1}{2}\sum_{i=1}^{n}\sum_{j=1}^{n}\alpha_i\alpha_jy_iy_j(x_i\cdot x_j)$$
$$\text{s. t. }\begin{cases}\sum\limits_{i=1}^{n}y_i\alpha_i=0\\0\leqslant\alpha_i\leqslant C,i=1,2,\cdots,n\end{cases} \tag{6.18}$$

根据 KKT 条件(拉格朗日乘子与不等式约束的乘积)，这个优化

问题的解还必须满足

$$\left.\begin{array}{l}\alpha_i\{y_i[(\boldsymbol{\omega}\cdot x_i)+b]-1+\xi_i\}=0\\\beta_i\xi_i=0\Rightarrow(C-\alpha_i)\xi_i=0,i=1,2,\cdots,n\end{array}\right\}\quad(6.19)$$

由式(6.18)可知,α_i 的取值可能有三种情况:①$\alpha_i=0$;②$0<\alpha_i<C$;③$\alpha_i=C$。使 $\alpha_i>0$ 的样本 x_i 称为支持向量。

当 $\alpha_i=0$ 时,因为 $C>0$,由式(6.19)可知,一定有 $\xi_i=0$,而且满足 $\alpha_i=0$ 的样本对广义最优分类超平面的求解不会产生影响,也就是说,支持向量机具有稀疏性。

当 $0<\alpha_i<C$ 时,由式(6.19)可知,此时满足 $0<\alpha_i<C$ 的样本一定有 $\xi_i=0$,它们位于到分类面距离为 $\dfrac{1}{\|\boldsymbol{\omega}\|}$ 的一个标准超平面(见图 6.4 中的 H_1 和 H_2)上,这些支持向量有时也称为间隔向量。

当 $\alpha_i=C$ 时,由式(6.19)可知 $\xi_i\geqslant0$,即此时非负松弛变量 ξ_i 才可能会出现。在这种情况下,若 $\xi_i>0$,则对应的样本点 x_i 会被错分;若 $0<\xi_i<1$,则分类正确,但 x_i 到分类面(见图 6.4 中的 H)的距离小于 $\dfrac{1}{\|\boldsymbol{\omega}\|}$。

式(6.18)是一个不等式约束下的凸二次规划问题,存在唯一解。若 α_i^* 为式(6.18)的最优解,则得到的最优分类函数为

$$f(x)=\operatorname{sgn}[(\boldsymbol{\omega}^*\cdot x)+b^*]=\operatorname{sgn}\Big[\sum_{i=1}^{n}\alpha_i^*y_i(x_i\cdot x)+b^*\Big]$$

$$(6.20)$$

式中:$\operatorname{sgn}(\cdot)$ 为符号函数。

3. 核特征空间的非线性映射算法

为了在非线性情况下实现支持向量机,必须利用核特征空间的非线性映射法,这也是支持向量机能够解决非线性分类或回归估计问题的巧妙所在。其基本思想是通过一个非线性映射,把输入映射到一个新的高维特征空间,然后在此高维空间中使用线性支持向量机进行分类或回归估计。

定义 6.2(特征空间)：假定模式 x 属于输入空间 X，即 $x \in X$，通过映射 Φ 将输入空间 X 映射到一个新的空间 $Z = \{\Phi(x) : x \in X\}$，则 Z 称作特征空间。

特征空间的非线性映射算法是基于非线性映射 $\Phi : R^N \to Z$，$x \to \Phi(x)$ 的。样本数据 $x_1, x_2, \cdots, x_n \in R^N$ 被映射到特征空间 Z，学习算法在转换的特征空间 Z 中进行，即样本数据转换为 $\{[\Phi(x_1),$ $y_1], \cdots, [\Phi(x_n), y_n]\} \in X \times Y$。

通过非线性映射，将分类问题转换为线性超平面分类，因此可以很容易地控制统计复杂性（采用简单的线性超平面分类器）和学习算法的复杂性。但是要在 n 维空间中构造阶数 $d \leqslant n$ 的多项式映射，需要多于约 $(n/d)^d$ 个特征，在特征空间的计算，仍然需要面临高维带来的复杂计算问题。对于确定特征空间和对应的映射，可以通过核函数大大减小计算的复杂性，基于核函数的映射是通过以下两个定理实现的。

定理 6.2：设核函数为 $K(x, y)$，如果 $K : C \times C \to R$ 是基于紧致集 $C \subset R^N$ 上的 Hilbert 空间中的正积分算子的一个连续核，例如：

$$\forall f \in L_2(C) : \int_C K(x, y) f(x) f(y) \mathrm{d}x \mathrm{d}y \geqslant 0$$

则存在空间 Z 和映射 $\Phi : R^N \to Z$，使 $K(x, y) = [\Phi(x), \Phi(y)]$。

定理 6.3(Mercer 条件)：要保证 L_2 下的对称函数 $K(x, y)$ 能以正的系数 $\lambda_i > 0$ 展开成

$$K(x, y) = \sum_{j=1}^{n} \lambda_j \psi_j(x) \psi_j(y) \tag{6.21}$$

即 $K(x, y)$ 描述了在某个特征空间中的一个内积，其充分必要条件是：对使得 $\int g^2(x) \mathrm{d}x < \infty$ 的所有 $g \neq 0$，条件 $\iint K(x, y) g(x) g(y) \mathrm{d}x \mathrm{d}y > 0$ 成立。

根据 Hilbert - Schmidt 理论，核函数 $K(x, y)$ 可以是满足 Mercer 条件的任意对称函数。

4. 非线性支持向量机

对于非线性情况,支持向量机利用核特征空间的非线性映射算法,即通过某种事先选择的非线性映射将输入向量 x 映射到一个高维特征空间 Z 中,即:$\Phi: R^N \rightarrow Z, x \rightarrow \Phi(x)$,再在这个空间中构造最优线性分类超平面,如图 6.5 所示。

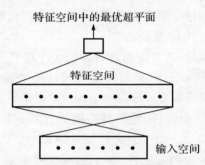

特征空间中的最优超平面

特征空间

输入空间

图 6.5　支持向量机构造最优超平面示意图

对于线性情况,前面介绍了线性可分支持向量机(也可称为最大间隔线性支持向量机)和广义线性支持向量机(也称为软间隔线性支持向量机)这两种类型的线性支持向量机。对于非线性情况,相对应地,也有两种类型,称为硬间隔非线性支持向量机(也可称为最大间隔非线性支持向量机)和软间隔非线性支持向量机。

(1)硬间隔非线性支持向量机。根据式(6.4),特征空间中的分类约束条件转换为

$$y_i[(\boldsymbol{\omega} \cdot \Phi(x_i)) + b] - 1 \geqslant 0, i = 1, 2, \cdots, n \qquad (6.22)$$

目标函数为

$$\min_{\boldsymbol{\omega}, b} \frac{1}{2} \| \boldsymbol{\omega} \|^2 = \min_{\boldsymbol{\omega}, b} \frac{1}{2} \boldsymbol{\omega}^{\mathrm{T}} \boldsymbol{\omega} \qquad (6.23)$$

根据式(6.6),定义拉格朗日函数为

$$L(\boldsymbol{\omega}, b, \boldsymbol{\alpha}) = \frac{1}{2} \boldsymbol{\omega}^{\mathrm{T}} \boldsymbol{\omega} - \sum_{i=1}^{n} \alpha_i \{y_i[\boldsymbol{\omega} \cdot \Phi(x_i) + b] - 1\} \quad (6.24)$$

分别对 ω 和 b 求偏导数，并令它们等于 0，有

$$\left.\begin{array}{l} \dfrac{\partial L(\boldsymbol{\omega},b,\boldsymbol{\alpha})}{\partial \omega} = 0 \Rightarrow \omega = \sum_{i=1}^{n} \alpha_i y_i \Phi(x_i) \\[4mm] \dfrac{\partial L(\boldsymbol{\omega},b,\boldsymbol{\alpha})}{\partial b} = 0 \Rightarrow \sum_{i=1}^{n} \alpha_i y_i = 0 \end{array}\right\} \tag{6.25}$$

将式(6.25)代入拉格朗日函数式(6.24)，有

$$L(\boldsymbol{\omega},b,\boldsymbol{\alpha}) = \sum_{i=1}^{n} \alpha_i - \frac{1}{2} \sum_{i=1}^{n} \sum_{j=1}^{n} \alpha_i \alpha_j y_i y_j [\Phi(x_i) \cdot \Phi(x_j)]$$

$$\tag{6.26}$$

根据 Mercer 条件，可以用核函数 $K(x_i, x_j)$ 代替特征空间中的内积 $[\Phi(x_i) \cdot \Phi(x_j)]$，因此，硬间隔非线性支持向量机就可以转化为下面的对偶二次规划问题：

$$\max_{\boldsymbol{\alpha}} \sum_{i=1}^{n} \alpha_i - \frac{1}{2} \sum_{i=1}^{n} \sum_{j=1}^{n} \alpha_i \alpha_j y_i y_j [\Phi(x_i) \cdot \Phi(x_j)]$$

$$\mathrm{s.\,t.} \begin{cases} \sum_{i=1}^{n} y_i \alpha_i = 0 \\ \alpha_i \geqslant 0, i = 1,2,\cdots,n \end{cases} \tag{6.27}$$

根据 KKT 条件，这个优化问题的解还必须满足

$$\alpha_i \{ y_i [\boldsymbol{\omega} \cdot \Phi(x_i) + b] - 1 \} = 0, i = 1,2,\cdots,n \tag{6.28}$$

求解上述问题后得到的最优分类函数为

$$f(x) = \mathrm{sgn}\{[\boldsymbol{\omega} \cdot \Phi(x)] + b\} = \mathrm{sgn}\left[\sum_{i=1}^{n} \alpha_i y_i K(x_i \cdot x) + b\right]$$

$$\tag{6.29}$$

(2) 软间隔非线性支持向量机。根据式(6.13)，特征空间中的分类约束条件转换为

$$y_i \{[\boldsymbol{\omega} \cdot \Phi(x_i)] + b\} - 1 + \xi_i \geqslant 0, i = 1,2,\cdots,n \tag{6.30}$$

式中：$\xi_i \geqslant 0$ 为松弛变量。

目标函数为

$$\min_{\omega,b,\xi} \frac{1}{2}\boldsymbol{\omega}^{\mathrm{T}}\boldsymbol{\omega} + C\sum_{i=1}^{n}\xi_i \tag{6.31}$$

根据式(6.15),定义拉格朗日函数为

$$L(\boldsymbol{\omega},b,\boldsymbol{\xi},\boldsymbol{\alpha},\boldsymbol{\beta}) = \frac{1}{2}\boldsymbol{\omega}^{\mathrm{T}}\boldsymbol{\omega} + C\sum_{i=1}^{n}\xi_i -$$

$$\sum_{i=1}^{n}\alpha_i\{y_i[\boldsymbol{\omega} \cdot \boldsymbol{\Phi}(x_i) + b] - 1 + \xi_i\} - \sum_{i=1}^{n}\beta_i\xi_i \tag{6.32}$$

分别对 ω 和 b 求偏导数,并令它们等于 0,有

$$\left.\begin{array}{l} \dfrac{\partial L}{\partial \omega} = 0 \Rightarrow \omega = \displaystyle\sum_{i=1}^{n}\alpha_i y_i \Phi(x_i) \\[3mm] \dfrac{\partial L}{\partial b} = 0 \Rightarrow \displaystyle\sum_{i=1}^{n}\alpha_i y_i = 0 \\[3mm] \dfrac{\partial L}{\partial b} = 0 \Rightarrow C - \alpha_i - \beta_i = 0 \end{array}\right\} \tag{6.33}$$

因为 $\alpha_i \geqslant 0, \beta_i \geqslant 0$,由 $C - \alpha_i - \beta_i = 0$ 可得 $0 \leqslant \alpha_i \leqslant C$。

将式(6.33)代入拉格朗日函数式(6.32)中,可得

$$L(\boldsymbol{\omega},b,\boldsymbol{\xi},\boldsymbol{\alpha},\boldsymbol{\beta}) = \sum_{i=1}^{n}\alpha_i - \frac{1}{2}\sum_{i=1}^{n}\sum_{j=1}^{n}\alpha_i\alpha_j y_i y_j[\boldsymbol{\Phi}(x_i) \cdot \boldsymbol{\Phi}(x_j)] \tag{6.34}$$

根据 KKT 条件,这个优化问题的解还必须满足

$$\left.\begin{array}{l} \alpha_i\{y_i[\boldsymbol{\omega} \cdot \boldsymbol{\Phi}(x_i) + b] - 1 + \xi_i\} = 0 \\[2mm] \beta_i\xi_i = 0 \Rightarrow (C - \alpha_i)\xi_i = 0, i = 1,2,\cdots,n \end{array}\right\} \tag{6.35}$$

根据 Mercer 条件,可以用核函数 $K(x_i, x_j)$ 代替特征空间中的内积 $[\boldsymbol{\Phi}(x_i) \cdot \boldsymbol{\Phi}(x_j)]$,因此,软间隔非线性支持向量机就可以转化为下面的对偶二次规划问题:

$$\max_{\boldsymbol{\alpha}} \sum_{i=1}^{n}\alpha_i - \frac{1}{2}\sum_{i=1}^{n}\sum_{j=1}^{n}\alpha_i\alpha_j y_i y_j K(x_i, x_j)$$

$$\text{s.t.} \begin{cases} \sum_{i=1}^{n} y_i\alpha_i = 0 \\ 0 \leqslant \alpha_i \leqslant C, i=1,2,\cdots,n \end{cases} \tag{6.36}$$

求解上述问题后得到最优分类函数为

$$f(x) = \text{sgn}\{[\boldsymbol{\omega} \cdot \boldsymbol{\Phi}(x)] + b\} = \text{sgn}\left[\sum_{i=1}^{n} \alpha_i y_i K(x_i \cdot x) + b\right]$$

$$\tag{6.37}$$

综上所述,非线性支持向量机的实质是通过核函数和映射函数内积的关系,把在高维特征空间中的分类问题转化到原始空间中进行,就相当于在高维特征空间中进行最优超平面分类。非线性支持向量机的拓扑结构示意图如图 6.6 所示。

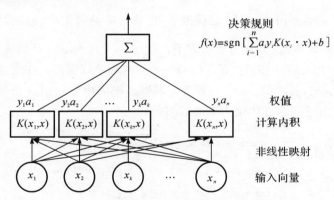

图 6.6　非线性支持向量机的拓扑结构示意图

采用不同的函数作为支持向量机的核函数 $K(x_i, x_j)$,可以构造实现输入空间不同类型的非线性决策面的学习机器。

6.2.3　支持向量机回归

支持向量机最初是为分类问题设计的,而支持向量机用在函数回归问题中时,也同样具有良好的性能。

1. 支持向量机回归理论

支持向量机回归分为线性回归和非线性回归。对于线性回归，回归问题的提法是：设给定训练集

$$T=\{(x_1,y_1),\cdots,(x_l,y_l)\} \in (X\times Y)^l \tag{6.38}$$

其中，$x_i \in X = R^n$，$y_i \in Y = R$，$i=1,\cdots,l$。对于线性回归，考虑用线性回归函数 $y=f(x)=(\omega x)+b$ 来拟合数据 $\{(x_1,y_1),\cdots,(x_l,y_l)\} \in (X\times Y)^l$。其中 ω 和 b 分别为线性回归函数的法向量和偏移量。应用结构风险最小化原则，得到最优化问题：

$$\min \frac{1}{2}\parallel\boldsymbol{\omega}\parallel^2 + CR_{\text{emp}} \tag{6.39}$$

其中，$\parallel\boldsymbol{\omega}\parallel^2$ 是正则化项，它控制着模型的复杂度。$R_{\text{emp}}(\alpha) = \frac{1}{l}\sum\limits_{i=1}^{l}L[x_i,y_i,f(x_i,\alpha)]$ 是误差项，也就是学习理论中的经验风险，C 是正则化参数（又称为惩罚因子），$L[x_i,y_i,f(x_i,\alpha)]$ 是损失函数，是对应于 x 的 y 和函数值 $f(x,\alpha)$ 之间的偏差或误差。在支持向量机中，$L[x_i,y_i,f(x_i,\alpha)]$ 一般为 ε 不敏感损失函数。引入松弛变量 ξ_i^*、ξ_i，上述问题可转化为下面的问题：

$$
\begin{aligned}
&\min_{\omega,b} \frac{1}{2}\parallel\boldsymbol{\omega}\parallel^2 + C\sum_{i=1}^{l}(\xi_i^*+\xi_i)\\
&\text{s. t.}
\left.
\begin{aligned}
&y_i-(\boldsymbol{\omega}\cdot x_i)-b \leqslant \varepsilon+\xi_i^*, i=1,\cdots,l\\
&(\boldsymbol{\omega}\cdot x_i)+b-y_i \leqslant \varepsilon+\xi_i, i=1,\cdots,l\\
&\xi_i^*,\xi_i \geqslant 0, i=1,\cdots,l\\
&C>0
\end{aligned}
\right\}
\end{aligned}
\tag{6.40}
$$

ξ^*，ξ 表 ε-带之外的样本点所带来的损失。

优化函数为二次型，约束条件是线性的，因此是个典型的二次规划问题，可用拉格朗日乘子法求解。引入拉格朗日乘子 α_i、α_i^*、η_i、η_i^*，

$$L(\boldsymbol{\omega},b,\xi,\xi^*)=\frac{1}{2}\parallel\boldsymbol{\omega}\parallel^2 + C\sum_{i=1}^{l}(\xi_i+\xi_i^*)-\sum_{i=1}^{l}\alpha_i(\varepsilon+\xi-$$

$$y_i + \boldsymbol{\omega} \cdot x_i + b) - \sum_{i=1}^{l} \alpha_i^* (\varepsilon_i + \xi_i^* + y_i -$$

$$\boldsymbol{\omega} \cdot x_i - b) - \sum_{i=1}^{l} (\eta_i \xi_i + \eta_i^* \xi_i^*) \tag{6.41}$$

在最优解处有

$$\left. \begin{aligned} \frac{\partial L}{\partial \boldsymbol{\omega}} &= \omega - \sum_{i=1}^{l} (\alpha_i - \alpha_i^*) x_i = 0 \\ \frac{\partial L}{\partial b} &= \sum_{i=1}^{l} (\alpha_i - \alpha_i^*) = 0 \\ \frac{\partial L}{\partial \xi_i} &= C - \alpha_i - \eta_i = 0 \\ \frac{\partial L}{\partial \xi_i^*} &= C - \alpha_i^* - \eta_i^* = 0 \end{aligned} \right\} \tag{6.42}$$

将式(6.42)代入式(6.41),将线性可分条件下的原问题变换为其对偶问题:

$$\min_{\alpha^{(*)} \in R^{2l}} \frac{1}{2} \sum_{i,j=1}^{l} (\alpha_i^* - \alpha_i)(\alpha_j^* - \alpha_j)(x_i \cdot x_j)$$

$$+ \varepsilon \sum_{i=1}^{l} (\alpha_i^* + \alpha_i) - \sum_{i=1}^{l} y_i (\alpha_i^* - \alpha_i)$$

$$\text{s. t.} \begin{cases} \sum_{i=1}^{l} (\alpha_i^* - \alpha_i) = 0 \\ 0 \leqslant \alpha_i^*, \alpha_i \leqslant C \end{cases} \tag{6.43}$$

其中 $\alpha^{(*)} = (\alpha_1, \alpha_1^*, \cdots, \alpha_l, \alpha_l^*)$。求解上述凸二次规划问题得到回归函数:

$$f(x) = \sum_{i=1}^{l} (\alpha_i - \alpha_i^*)(x_i, x) + b \tag{6.44}$$

这里,(x_i, x) 为向量 x_i 和 x 的内积。

在非线性情况下,可以把样本 x 通过非线性映射 $\Phi(x)$ 映射到高维特征空间 H,并在 H 中求解最优回归函数。这样,在高维空间中的线性回归,就对应于低维空间中的非线性回归。因此,在最优回归函数中采用适当的核函数 $K(x_i,x)$ 代替高维空间中的向量内积 $\Phi(x_i)\Phi(x)$，就可以实现某一非线性变换后的线性拟合，而计算复杂度却没有增加。此时最优化问题可转化为

$$\min_{\alpha^{(*)} \in R^{2l}} \frac{1}{2} \sum_{i,j=1}^{l} (\alpha_i^* - \alpha_i)(\alpha_j^* - \alpha_j) K(x_i,x_j) +$$

$$\varepsilon \sum_{i=1}^{l} (\alpha_i^* + \alpha_i) - \sum_{i=1}^{l} y_i (\alpha_i^* - \alpha_i)$$

$$\text{s. t.} \begin{cases} \sum_{i=1}^{l} (\alpha_i^* - \alpha_i) = 0 \\ 0 \leqslant \alpha_i^*, \alpha_i \leqslant C \end{cases} \tag{6.45}$$

求解上述凸二次规划问题得到的非线性映射可以表示为

$$f(x) = \sum_{i=1}^{l} (\alpha_i - \alpha_i^*) k(x_i,x) + b \tag{6.46}$$

按照 KKT 条件，在最优解处有

$$\left. \begin{aligned} \alpha_i(\varepsilon + \xi_i - y_i + (\boldsymbol{\omega} \cdot x_i) + b) &= 0 \\ \alpha_i^*(\varepsilon + \xi_i^* + y_i - (\boldsymbol{\omega} \cdot x_i) - b) &= 0 \end{aligned} \right\}$$

和

$$\left. \begin{aligned} (C - \alpha_i)\xi_i &= 0 \\ (C - \alpha_i^*)\xi_i^* &= 0 \end{aligned} \right\} \tag{6.47}$$

由此可以得出，位于不灵敏区内的样本点其对应的 α_i 和 α_i^* 都等于零，外部的点对应有 $\alpha_i = C$ 或 $\alpha_i^* = C$，而在边界上，ξ_i 和 ξ_i^* 均为零，因而 α_i、$\alpha_i^* \in (0,C)$，从而有

$$\left. \begin{aligned} b &= y_i - (\boldsymbol{\omega} \cdot x_i) - \varepsilon, \alpha_i \in (0,C) \\ b &= y_i - (\boldsymbol{\omega} \cdot x_i) + \varepsilon, \alpha_i^* \in (0,C) \end{aligned} \right\} \tag{6.48}$$

可由式(6.48)计算 b 的值。

2. 最优化算法

支持向量机的优化问题(4.9)可转化为下面的标准二次优化形式：

$$\min_{x} \frac{1}{2} \boldsymbol{x}^{\mathrm{T}} \boldsymbol{H} \boldsymbol{x} + \boldsymbol{C}^{\mathrm{T}} \boldsymbol{x} \tag{6.49}$$

约束为

$$\left.\begin{array}{l} \boldsymbol{a}^{\mathrm{T}}\boldsymbol{x}=0 \\ \boldsymbol{x} \geqslant 0 \\ \boldsymbol{A}\boldsymbol{x} \leqslant \boldsymbol{C} \end{array}\right\} \qquad (6.50)$$

其中的参数取下面的值：

$$\boldsymbol{x}=\begin{bmatrix} \alpha \\ \alpha^* \end{bmatrix}, \quad \boldsymbol{C}=\begin{bmatrix} \varepsilon-y \\ \varepsilon+y \end{bmatrix}, \quad \boldsymbol{H}=\begin{bmatrix} D & -D \\ -D & D \end{bmatrix},$$

$$\boldsymbol{a}=\begin{bmatrix} 1 & 1 & \cdots & 1 & -1 & -1 & \cdots & -1 \end{bmatrix}^{\mathrm{T}} \qquad (6.51)$$

及

$$\boldsymbol{A}=\begin{bmatrix} 1 & 0 & \cdots & 0 & 1 & 0 & \cdots & 0 \\ 0 & 1 & 0 & \cdots & 0 & 1 & 0 & 0 \\ \vdots & \vdots & \vdots & & \vdots & \vdots & \vdots & \vdots \\ 0 & \cdots & 0 & 1 & 0 & \cdots & 0 & 1 \end{bmatrix} \qquad (6.52)$$

其中，$D=K(x_i,x_j)$；$i=1,\cdots,l$；$j=1,\cdots,l$；$\boldsymbol{a}$ 为 $2l$ 维向量；$\boldsymbol{A}$ 为 $l \times 2l$ 维矩阵。矩阵 $\boldsymbol{H}$ 是非负定的，因此这是一个凸二次优化问题。凸二次优化问题最简单的数值解法是梯度上升法。这种方法从解的初始估计值 a^0 开始，在 $t+1$ 次，沿着最小方向在位置 a^t 的梯度方向移动。类似的方法还有牛顿法、共扼梯度法、原对偶内点法等，而且这些方法都有大量的数值软件包实现，可以直接拿来用。

3. 损失函数

损失函数是评价预测准确程度的一种度量。这里考虑的预测是根据某个假设推断出的结果。因而损失函数与假设密切相关，其确切定义如下：

定义 6.3（损失函数）：设 $X \subset R^n$，$Y \subset R$，引进 3 元组 $[x,y,f(x)] \in X \times Y \times Y$，其中 x 是一个模式，y 是一个观测值，$f(x)$ 是一个假设值（或称预测值）。若映射 $L:X \times Y \times Y \rightarrow [0,\infty]$ 使得对任意的 $x \in X$，$y \in Y$，都有 $L(x,y,y)=0$，则称 L 是一个损失函数。

简单的说，损失函数 $L(x,y,y)$ 是当 $f(x)=y$ 时，$L[x,y,f(x)]=0$ 的函数。其含义是，当预测准确无误时，损失值为零。当然实际上我们还常常要求当预测有误差时，或者至少当误差达到一定程度时，其损失值不为零。

在回归问题中，最常用的一个损失函数是 ε -不敏感损失函数。

定义 6.4：（ε -不敏感损失函数）对应于假设（决策函数）$f(x)$ 的 ε -不敏感损失函数 $L(x,y,f(x))$ 为

$$L(x,y,f(x)) = \mid f(x) - y \mid_\varepsilon \qquad (6.53)$$

其中：$\mid f(x) - y \mid_\varepsilon = \max\{0, \mid f(x) - y \mid - \varepsilon\}$。

4. 核函数

在式（6.45）中，$K(x_i, x_j)$ 称为核函数，核函数等于两个向量 x_i 和 x_j 在其特征空间 $\Phi(x_i)$ 和 $\Phi(x_j)$ 的内积，即

$$K(x_i, x_j) = \Phi(x_i) \times \Phi(x_j) \qquad (6.54)$$

任何函数只要满足 Mercer 条件，都可用作核函数，采用不同的函数作为核函数，可以构造实现输入空间中不同类型的非线性决策面的学习机器。最常用的核函数有以下几种：

（1）多项式核函数：

$$K(x, x_i) = (x \cdot x_i + c)^d \qquad (6.55)$$

其中，$c \geqslant 0$。

（2）高斯核函数：

$$K(x, x_i) = \exp\left[-\frac{(x - x_i)^2}{2\delta^2} \right] \qquad (6.56)$$

（3）两层神经网络核函数：

$$K(x, x_i) = \mathrm{sigmoid}[v(x \cdot x_i) + c] \qquad (6.57)$$

（4）样条函数：

$$k(x, x_i) = 1 + (x \cdot x_i) + \frac{1}{2} \mid x - x_i \mid \min(x, x_i)^2 + \frac{1}{3} \min(x, x_i)^3 \qquad (6.58)$$

（5）Fourier 级数：

$$K(x, x_i) = \frac{\sin\left(N + \frac{1}{2} \right)(x \cdot x_i)}{\sin \frac{1}{2}(x - x_i)} \qquad (6.59)$$

需要指出的是,上述核函数有各自不同的输入范围,因而在具体应用前应该首先进行数据的尺度变换。核函数的选择需要一定的先验知识,目前还没有一般性的结论。核函数的参数应该仔细选取,它精确定义了高维特征空间 $\Phi(x)$ 的结构,因而控制最终解的复杂性。

6.2.4　基于支持向量机的惯导系统故障诊断方法

支持向量机用于故障诊断主要有两种方式:故障模式识别、故障预测。

1. 基于支持向量机的故障模式识别

模式是一个物体或过程的定量或结构的描述。模式识别就是利用计算机模拟人的思维过程,来对各种复杂的事物或现象进行分析、描述、判断和识别。模式识别的前提是必须收集并保存好在正常状态和故障状态下的历史数据,即样本。模式识别的关键问题是模式特征量的选择和提取。

由于支持向量机能够较好地解决小样本、非线性及高维模式识别问题,具有非常强的分类能力,因此为故障模式识别问题提供了新的理论和方法,可以利用支持向量机来作为故障分类器,进行故障诊断。

采用支持向量机实现故障模式识别一般可分为以下两个阶段:

(1) 学习(训练)阶段。选定合适的网络结构和规模,借助一定的学习算法,以能够反映系统的动态特性、建模误差和干扰影响的变量作为支持向量机的输入,以对应的状态编码为期望输出,构成输入/输出样本对,对支持向量机进行训练,当达到满意的结果时,确定支持向量机的结构和内部参数。

(2) 故障诊断阶段。根据训练好的支持向量机,对于一个给定的输入,便产生一个相应的输出,由输出与故障编码进行比较即可以方便地确定故障。

基于支持向量机的故障模式识别方法可以采用离线和在线两种

方式。离线识别是把检测的故障信息或现象首先记录下来,然后采用离线方式输入到提前训练好的支持向量机模型(支持向量机分类器)中,给出故障性质及处理方法;在线识别是将实时获取故障信息及现象,经过支持向量机自主学习,对故障做出识别和判断。

基于支持向量机的故障模式识别的一般过程可分为四步进行:特征信号检测、特征提取、故障模式识别以及维修决策。

(1)特征信号检测。惯导系统工作状态会以不同的信号形式表现出来,而特征信号是与惯导系统功能紧密相关的状态信号。因此特征信号对故障模式识别就显得特别重要。对惯导系统而言,陀螺马达电流、加速度表马达电流等参数就可以作为系统的特征信号,特征信号检测就是按照不同的诊断目的选定最能表征系统工作状态的特征信号。

(2)特征提取。一般说来,从特征信号来直接判断惯导系统状态是比较困难的。需要对特征信号进行处理,提取出与惯导系统状态相关的、能直接用于故障诊断的特征信号。特征提取可以根据不同的特征信号,采用不同的提取方法。

(3)支持向量机故障模式识别。支持向量机故障模式识别就是根据特征信号,以及故障标准模式和相应的判别规则,由训练好的支持向量机识别惯导系统工作模式和工作状态,判断系统是否正常工作。

(4)维修决策。维修决策就是根据故障原因、特征,提出维修方案,采取相应措施,使惯导系统恢复正常工作状态。

2. 基于支持向量机的故障预测

惯导系统工作情况通常可以通过其各个监测点的监测数据来表征。惯导系统正常运转情况下,各监测点的值在一定的内部规律下波动变化,其值与它的相关监测点及其历史数据相关。当惯导系统出现故障趋势的时候,通常其部分监测点会打破原有的变化规律,显示出相应的故障征兆。此时如果能够及时觉察故障征兆,对故障趋势进行合理预测,能够有效地避免故障的发生和蔓延。

支持向量机回归是一种适合小样本非线性情况的建模预测方法。采用支持向量机建模预测,可提高在小样本条件下故障预测的精度,并有良好的推广能力。针对非线性问题,一般采用径向基核函数,利用遗传算法对参数进行优化。根据预测模型,以相关监测点测试数据为输入,来预测监测点在未来时刻的模型理论值。通过将理论值与监测值进行对比,实现故障趋势的预测。

(1) 相空间重构。在时间序列预测中,决定序列的可观测因素很多,而且相互作用的动力学方程往往是非线性的,甚至是混沌的。一般来说,非线性系统的相空间可能维数很高,甚至是无穷,但在大多数的情况下维数并不知道。在实际问题中,对于给定的一维时间序列$\{s_1, s_2, \cdots, s_N\}$,通常要将其扩展到三维甚至更高维空间中去,以便把时间序列中蕴藏的信息充分地显露出来。经过相空间变换后,得到用于预测器学习的样本如式(6.60)所示。这里用前 n 个样本生成训练样本,后 $N-n$ 个样本用于验证模型的准确性。

$$\boldsymbol{X} = \begin{bmatrix} x_1 \\ x_2 \\ \vdots \\ x_{n-m} \end{bmatrix} = \begin{bmatrix} s_1 & s_2 & \cdots & s_m \\ s_2 & s_3 & \cdots & s_{m+1} \\ \vdots & \vdots & & \vdots \\ s_{n-m} & s_{n-m+1} & \cdots & s_{n-1} \end{bmatrix}, \quad \boldsymbol{Y} = \begin{bmatrix} s_{m+1} \\ s_{m+2} \\ \vdots \\ s_n \end{bmatrix} \quad (6.60)$$

对于嵌入维数的选取尚无严格意义上的理论依据。文献[15]采用最终误差预报(final prediction error,FPE)准则评价模型的预测误差,并根据误差大小选取嵌入维数 m。

$$\text{FPE}(k) = \frac{n_{\text{tr}} + m}{n_{\text{tr}} - m}\sigma_a^2 \quad (6.61)$$

式中

$$\sigma_a^2 = E(a_{n_{\text{tr}}}) = \frac{1}{n_{\text{tr}} - k}\sum_{t=m+1}^{n_{\text{tr}}}\left\{x_t - \left[\sum_{i=1}^{n_{\text{tr}}-m}(\alpha_i - \alpha_i^*)k(x_i \cdot x_t)\right] + b\right\}^2 \quad (6.62)$$

其中,n_{tr} 为用于训练的数据;m 为需要确定的嵌入维数。

从式(6.62)可看出,当 k 值增大时,残差 σ_a^2 将减小,因此总可以找到一个最优值 m 使得 FPE 达到最小。

(2) 基于支持向量回归机的惯导系统故障预测模型

由式(6.46)经过样本训练后得

$$y_t = \sum_{i=1}^{n-m} (\alpha_i - \alpha_i^*) k(x_i \cdot x_t) + b \tag{6.63}$$

式中,$x_i = (s_i, s_{i+1}, \cdots, s_{i+m-1})$,$t \geqslant n+1$。则有一步预测模型为

$$y_{n+1} = \sum_{i=1}^{n-m} (\alpha_i - \alpha_i^*) k(x_i \cdot x_{n+1}) + b \tag{6.64}$$

式中,$x_{n+1} = (s_n, s_{n-1}, \cdots, s_{n-m+1})$。

一般的可得到 k 步预测模型为

$$y_{n+k} = \sum_{i=1}^{n-m} (\alpha_i - \alpha_i^*) k(x_i \cdot x_{n+k}) + b \tag{6.65}$$

式中,$x_{n+k} = (\hat{s}_{n+k-1}, \hat{s}_{n+k-2}, \cdots, \hat{s}_{n+k-m+1})$。

(3) 实例分析。

1) 建模预测。某捷联惯组一个误差系数的历次测试数据结果如图 6.7 所示,共进行 15 次测试。通过二次修正插值后样本容量扩大为 60,插值结果如图 6.8 所示。

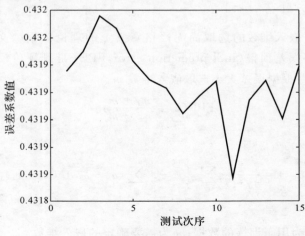

图 6.7 原始序列

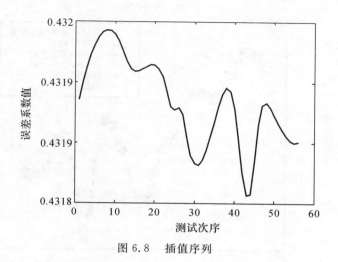

图 6.8　插值序列

取前 56 个数据为训练样本生成训练集,维数为 4,后 4 个样本为测试样本,用于检验预测结果。C 可取为 1 000,核函数取为高斯函数:

$$K(x_i, x_j) = \exp\left(-\frac{\| x_i - x_j \|^2}{2\sigma^2}\right) \qquad (6.66)$$

则基于支持向量机的建模预测结果如图 6.9 所示。

预测结果与测试结果的比较如表 6.2 所示,第一行为实测结果,第二行为对应的支持向量机预测结果。从表 6.2 可以看出,支持向量机预测结果十分理想,预测结果与实测结果误差绝对值数量级为 10^{-6},具有很好的预测精度。

表 6.2　预测与实测对比

实测结果	0.431 904 6	0.431 912 0	0.431 923 2	0.431 939 0
预测结果	0.431 909 5	0.431 918 2	0.431 926 7	0.431 934 1
误差绝对值	$4.826\ 822\ 3e^{-6}$	$6.287\ 995\ 4e^{-6}$	$3.442\ 307\ 1e^{-6}$	$4.921\ 105\ 7e^{-6}$

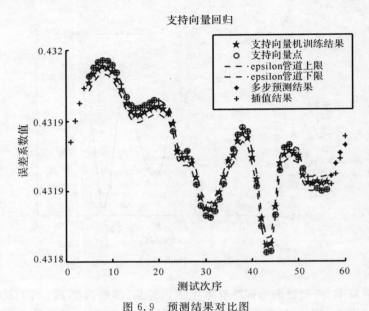

图 6.9 预测结果对比图

2)预测结果的检验。为了评价预测结果的准确性和回归学习的质量,一般采用均方相对误差(Mean Square Relative Error,MSRE)和均方绝对误差(Mean Square Absolute Error,MSAE)来作为预测效果判断的依据。

$$\text{MSRE} = \frac{1}{l} \sum_{i=1}^{l} \left(\frac{y_i - \hat{y}_i}{y_i} \right)^2 \tag{6.67}$$

$$\text{MSAE} = \frac{1}{l} \sum_{i=1}^{l} (y_i - \hat{y}_i)^2 \tag{6.68}$$

对于陀螺仪和加速度计的标度因数,采用式(6.67)作为判断预测效果的依据,对于其他误差系数,采用式(6.68)作为判断预测效果的依据。

6.2.5　惯导系统状态监测

通过状态监测,能采集多路模拟变量和逻辑变量,可随时发现故障,并进行故障诊断和数据输出,覆盖了平台主要状态参数。

1. 平台惯导系统确定的监测量

(1)监测模拟量见表 6.3。

表 6.3　监测模拟量

序　号	监测量
1	陀螺马达电源 A 相电压、频率
2	陀螺马达电源 B、C 相电压
3	陀螺马达 A 相电流
4	陀螺马达 B 相电流
5	陀螺马达 C 相电流
6	加速度计马达电源 A 相电压、频率
7	加速度计马达电源 B、C 相电压
8	加速度计马达 A 相电流
9	加速度计马达 B 相电流
10	加速度计马达 C 相电流
11	交流电源电压、频率
12	平台温控功率级电流
13	仪表温控功率级电流
14	平台台体温度
15	陀螺温度
16	陀螺加速度计温度
17	平台温控功率级调宽频率
18	仪表温控功率级调宽频率
19	外环轴力矩电机电流

续表

序　号	监测量
20	内环轴力矩电机电流
21	台体轴力矩电机电流
22	石英表电路电压

（2）监测状态量见表 6.4。

表 6.4　监测状态量

序　号	监测量
1	温控回路控制
2	帽盖风扇控制
3	陀螺马达电源控制
4	加速度计马达电源控制
5	稳定回路控制
6	加速度计回路控制
7	框架轴转速监测信号
8	陀螺加速度计角速度监测信号

2. 捷联惯导系统确定的监测量

（1）检测模拟量（见表 6.5）。

表 6.5　捷联惯导系统模拟量

序号	监测量
1	X 陀螺仪监测电压
2	Y 陀螺仪监测电压
3	Z 陀螺仪监测电压
4	低压电源电压
5	高压电源电压

续表

序号	监测量
6	IF 板电路温度
7	加速度计表头温度

（2）检测状态量（见表 6.6）。

表 6.6　捷联惯导系统状态量

序号	监测量
1	X 陀螺仪 1 s 输出
2	Y 陀螺仪 1 s 输出
3	Z 陀螺仪 1 s 输出
4	X 加速度计 1 s 输出
5	Y 加速度计 1 s 输出
6	Z 加速度计 1 s 输出

6.3　惯导系统健康状态评估技术

目前评价惯导系统稳定性是将惯导系统相邻两次测试数据进行稳定性分析，即两次测试数据的极差与稳定性指标进行比较；但它不能完全反映时间对惯导系统稳定性的影响，也给惯导系统性能评估带来困难，因此在惯导系统稳定性评估中引入稳定期的概念是十分有必要的。惯导系统的稳定期是衡量惯导系统性能的一个重要指标。稳定期长意味着惯导系统性能优，对惯导系统进行的测试少，惯导系统的使用灵活性大；稳定期短，则意味着惯导系统性能差。为了保证惯导系统的使用精度，就要对惯导系统进行定期测试，这不但减少了惯导系统的使用寿命,频繁测试也给用户带来沉重的工作的负担。

6.3.1 惯导系统技术性能分析评估的基本思想

在进行惯导系统性能评估的过程中,稳定性是惯导系统的主要技术指标,也是目前存在问题最多的指标。其分析检验标准不仅有稳定与不稳定的要求,而且还与时间上的要求,即有稳定周期的要求;不仅与惯导系统仪器本身的性能有关,而且还与测试设备、测试人员和测试环境有关;不仅与当前的测试有关,而且还有以前的测试有关。根据惯导系统测试稳定期,提出了惯导系统稳定性的八个状态,更加全面地描述稳定性状态,为进一步评估惯导系统性能提供了基础。但是惯导系统稳定性使用与测试的设计要求,与实际使用情况又有较大的差异,因此要制定既满足使用技术规定要求,又适合实际使用情况的惯导系统性能评定规则难度很大。针对惯导系统的使用现状,结合专业知识,确定了一套惯导系统性能评估的方法,具体评估过程如图 6.10 所示。

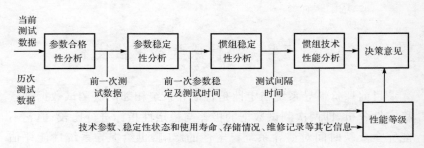

图 6.10　惯导系统性能评估流程图

通过结构图可以了解惯导系统性能评估是建立在"技术参数分析""惯导系统稳定性分析"和"惯导系统技术性能分析"的基础上,引入惯导系统使用寿命、存储情况、维修记录等其他信息,全面地反映惯导系统的性能。同时根据"技术参数""惯导系统稳定性"和"惯导系统技术状态"的三个状态结论综合评定,形成可供参考的"决策意见"。

6.3.2　惯导系统技术性能分析评估方法

1.技术参数分析

"技术参数"是惯导系统的主要技术指标,包括陀螺仪的刻度因数、安装误差系数和漂移系数,加速度计的零位偏置系数、刻度因数和安装误差系数。

"技术参数分析"的目的是分析检验惯导系统参数的合格性和稳定性。根据惯导系统的技术参数指标要求进行分析检验,包括"参数合格性分析"和"参数稳定性分析"。

(1)参数合格性分析。"参数合格性分析"是对最近一次测试参数进行合格性检验,技术指标要求的是技术参数满足技术指标要求为合格,不满足即为不合格。但是根据实际使用情况,部分惯导系统技术参数不满足合格性的指标要求,但是超出很少而且稳定性很好,因此增加了"临界不合格"状态;根据惯导系统测试情况,发现由于测试装置不合格导致部分惯导系统的技术参数(安装误差系数)不合格,制定了安装误差系数修正技术,针对这类惯导系统提出了"修正合格"的状态。总之,"参数合格性分析"的结果有"合格""临界不合格""修正合格""不合格"四种结论,具体定义如下:

合格:技术参数在指标要求范围内。

临界不合格:属于不合格状态,但技术参数接近指标要求值(临界状态),为要求值的 $100\%\sim105\%$。

修正合格:技术参数排除惯导系统安装误差影响后,进行修正检验后合格。

不合格:技术参数进行修正检验后不合格。

参数合格性分析检验流程如图 6.11 所示。

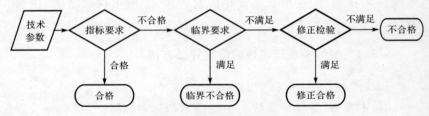

图 6.11　参数合格性分析流程

所有技术参数检验"合格"后,惯导系统的"技术参数"状态定义为"合格",反之为"不合格"或"临界不合格"或"修正合格"状态。

(2)参数稳定性分析。"参数稳定性分析"是将测试的技术参数与前一次测试的技术参数之差(相减)取绝对值,与稳定性指标进行比较,检验其是否满足稳定性要求,以某型捷联惯导系统为例,各参数极值求法如下(E_{1i}、E_{ij}、D_{ij}、K_{0i}、K_{1i}、K_{ij}、X_0、Y_0 为当前测量值;E'_{1i}、E'_{ij}、D'_{ij}、K'_{0i}、K'_{1i}、K'_{ij} 为前一次测量值)。

1)陀螺仪的刻度因数:

$$差值 = (E_{1i} - E'_{1i})/E'_{1i}, \quad i = x、y、z$$

2)陀螺仪的安装误差系数:

$$差值 = (E_{ij} - E'_{ij}), \quad i、j = x、y、z$$

3)陀螺仪的漂移系数:

$$差值 = (D_{ij} - D'_{ij}), \quad i = 0、1、2、3, j = x、y、z$$

4)加速度计的零位偏置系数:

$$差值 = (K_{0i} \times g_0/g'_0 - K'_{0i}), \quad i = x、y、z$$

5)加速度计的刻度因数:

$$差值 = (K_{1i} \times g'_0/g_0 - K'_{1i})K'_{1i}, \quad i = x、y、z$$

6)加速度计的安装误差系数:

$$差值 = (K_{ij} - K'_{ij}), \quad i、j = x、y、z$$

技术指标要求是满足稳定性指标要求为稳定,不满足的为不稳定。由于惯导系统存在问题最多的是稳定性的问题,稳定性的情况也很复杂,通过长期研究发现,部分惯导系统参数的稳定性介于稳定与不稳定之间,处于临界的状态。稳定和不稳定两种结论不能完全反映稳定性的真实状况,因此增加"临界稳定"和"临界不稳定"两种结论。具体定义如图 6.12 所示。

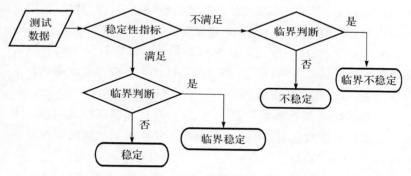

图 6.12 参数稳定性分析流程图

稳定:两个技术参数值之差满足稳定性指标要求。

临界稳定:两个技术参数值之差满足稳定性指标的 95%～100%。

不稳定:两个技术参数值之差满足稳定性指标要求。

临界不稳定:两个技术参数值之差满足稳定性指标的 100%～105%。

2. 惯导系统稳定性分析

参数稳定性是相邻 2 次测试数据比较,惯导系统稳定性是相邻 3 次测试数据比较。3 次测试数据稳定性检验具有一定的统计性,稳定性评定的概率要比 2 次测试数据比较的大。参数稳定性检验是基础,惯导系统稳定性检验包含 2 次参数稳定性检验,但又考虑了稳定周期(测试时间间隔),分为"有效期内"和"有效期外"。"有效期内"又分为一周之内和一周之外,因此惯导系统稳定性检验更准确、更全面。8 种惯导系统稳定性状态具体定义如下。

长期稳定:惯导系统稳定周期长,其稳定性最好。即 2 次相邻参数稳定性检验都是"稳定",并且其中一次"稳定"周期必定在一周以上。

短期稳定：惯导系统稳定周期短，即 2 次参数的稳定性检验结论稳定，但"稳定"周期都很短，3 次测试时间在一周以内。或当前"稳定"周期在一周以上，但前次"不稳定"。

当前稳定：当前一次测试技术参数检验"稳定"，但"稳定"周期在一周以内，前次技术参数检验"不稳定"。

临界稳定：当前一次测试技术参数检验"稳定"，但在临界值时前次技术参数检验"不稳定"。即当前测试技术参数与前次测试技术参数之差，接近指标要求值的 0.95～1，其稳定性最差。

长期不稳定：2 次参数检验"不稳定"，并且周期在稳定期内。即相邻 2 次技术参数稳定性检验"不稳定"，并且测试时间间隔在稳定期内，是真实的"不稳定"状态。

短期不稳定：2 次参数检验都不合格，但 2 次"不稳定"周期中有一次超过了稳定期，或只有一次稳定性检验不合格。

临界不稳定：当前测试参数的稳定性检验极差接近指标要求值（为指标要求值的 0.95～1）。

当前不稳定：当前技术参数检验"不稳定"，但"不稳定"周期在稳定期以外，保持（稳定期）内可能稳定，在"不稳定"中最好。

根据惯导系统稳定性判定规则，可以得到惯导系统稳定性判定流程图，如图 6.13 所示。

3. 惯导系统技术性能分析

"技术性能"是综合评定惯导系统技术状态的结论，技术性能分析是建立在"技术参数分析"和"惯导系统稳定性分析"的基础上，同时"惯导系统技术性能"也是"惯导系统性能评定"和"决策意见"的基础。"技术性能"由最近一次数据的合格性检验结果，最近 3 次测试数据的稳定性检验结果以及测试时间间隔进行综合判定，得到"优等""稳定""再测""观察""不稳定"和"不合格"6 种技术状态，具体定义如下：

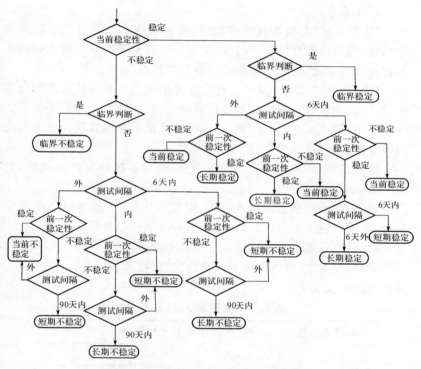

图 6.13　惯导系统稳定性判定流程图

优等:技术参数合格,惯导系统稳定性非常好。

稳定:技术参数合格,惯导系统稳定性较好。

再测:技术参数合格,稳定性一般,需在一周后再测。

观察:惯导系统性能不确定,需要观察一段时间再处理。

不稳定:技术参数合格,最近两次惯导系统稳定性不合格。

不合格:技术参数不合格,惯导系统性能较差。

如果最近测试参数不符合技术指标要求(即合格性检验不合格),则惯导系统"技术性能"为"不合格"。如果最近测试参数符合技术指标要求,则惯导系统"技术性能"由惯导系统稳定性检验结果决定。

4. 决策意见评定

"决策意见"是根据技术参数、稳定性和技术性能的三个状态结论综合评定,形成可供参考的"决策意见",这是惯导系统状态的最终标识。自动生成"使用""再测""观察"和"检修"4 种意见。

"决策意见"自动生成的 4 种意见是依据惯导系统技术参数合格性、惯导系统稳定性和惯导系统技术性能进行判定,具体定义如下。

使用:技术状态"优良"和"稳定",并且最近测试数据在有效期内的惯导系统,则自动生成"使用"意见。

再测:惯导系统当前技术参数合格,惯导系统稳定性不理想,需在一周以后再次测试。

观察:参数或稳定性有不合格,但超差比较小,或有疑义的惯导系统,需要观察下次测试的情况后定,看其变化趋势后定。

检修:惯导系统技术性能不稳定或不合格,需要检修。

"决策意见"主要依据惯导系统稳定性、技术状态进行自动判定,具体准则见表 6.7。

表 6.7　决策意见判定准则

当前技术参数	稳定性状态	技术性能	自动判定
合　格	长期稳定	优等	使用
	长期稳定	稳定	使用
	当前稳定	再测	再测
	当前稳定	观察	观察
	临界稳定	再测	再测
	长期不稳定	不稳定	检修
	短期不稳定	观察	观察
	当前不稳定	再测	再测
	临界不稳定	观察	观察
不合格	临界不合格	观察	观察
	不合格	不合格	检修

5. 惯导系统技术性能等级评定

"性能等级评定"是惯导系统性能评估的核心,是在技术参数分析、惯导系统稳定性分析和惯导系统技术性能评定基础上,评估惯导系统性能。

惯导系统性能等级评定分四等三级,四等为一、二、三、四等。

一等惯导系统:技术参数从未出现过参数超差和故障或经 3 次以上检测,技术性能稳定和参数合格的惯导系统。

二等惯导系统:当前测试参数在"临界"稳定状态,或当前稳定性检验为"稳定"状态,但技术性能为"再测"和"观察"状态的惯导系统。

三等惯导系统:技术性能为"不稳定"或"不合格"状态,需要"检修"的惯导系统,或当前稳定性检验为"不稳定"状态,但技术性能为"再测"和"观察"状态的惯导系统。

四等惯导系统:超过储存期,或存在故障,无法修复,作报废处理的惯导系统。

"惯导系统性能等级"的判定规则主要依据惯导系统技术性能和惯导系统稳定性,同时考虑到惯导系统的维修记录、测试时间、工作寿命以及储存期等信息,更全面地评估惯导系统性能。

参 考 文 献

[1] 杨立溪. 惯性平台的三自技术及其发展[J]. 导弹与航天运载技术, 2000(1):21-24.

[2] 刘洁瑜, 徐军辉, 熊陶. 导弹惯性导航技术[M]. 北京:国防工业出版社, 2016.

[3] 徐军辉, 单斌, 杨波, 等. 导弹惯性仪器及系统测试技术[M]. 西安:西北工业大学出版社, 2018.

[4] 万德钧, 房建成. 惯性导航初始对准[M]. 南京:东南大学出版社, 1998.

[5] 陆元九. 惯性器件(全两册)[M]. 北京:宇航出版社, 1993.11

[6] 徐军辉, 汪立新, 肖正林, 等. 惯导系统性能评估技术[M]. 西安:西北工业大学出版社, 2014.

[7] 徐军辉, 肖正林, 汪立新, 等. 惯导系统自对准技术[M]. 西安:西北工业大学出版社, 2014.

[8] 张梅军. 机械状态检测与故障诊断[M]. 北京:国防工业出版社, 2008.

[9] 胡良谋, 曹克强, 徐浩军, 等. 支持向量机故障诊断及控制技术[M]. 北京:国防工业出版社, 2011.

[10] 邓乃扬, 田英杰. 数据挖掘中的新方法:支持向量机[M]. 北京:科学出版社, 2004.

[11] 施锦丹. 捷联惯组测试数据分析评估系统关键技术研究[D]. 西安:第二炮兵工程学院, 2006.

[12] 耿广震. 支持向量机在发电设备故障诊断中的应用研究[D]. 天津:天津大学, 2015.

[13] 喻克永. 惯性技术与制导技术[D]. 西安:第二炮兵工程学

院,2003.

[14] VLADIMIR N. VAPNIK. 统计学习理论[M]. 许建华,张学工,译. 北京:电子工业出版社,2004.

[15] 尉询楷,李应红,张朴,等. 基于支持向量机的时间序列预测模型分析与应用[J]. 系统工程与电子技术,2005,27(3):529-532.